Ich komme ins Gymnasium!

Klassenarbeitstrainer Mathematik

4. Schuljahr

Lösungen mit

Elternratgeber

Mathematik | Klassenarbeitstrainer
4. Schuljahr

Das Extra für Eltern!

- Was muss Ihr Kind können, damit es auf das Gymnasium gehen kann?
- Lerntypen-Test und Checklisten: Ist mein Kind fit fürs Gymnasium?
- Die beste Unterstützung für das Lernen zu Hause.

Klett Lerntraining

Elternratgeber

Vorwort 3
Wie kann mein Kind mit dem Buch üben? 3
Klassenarbeiten in der Schule 4
Klassenarbeitstraining 6
Neue Schule, neues Glück! 9
Das Lernen lernen 11
Welcher Lerntyp ist mein Kind? 11
Auf das Umfeld kommt es an 13
Die Hausaufgaben 15
Lernblockaden 16
Was tun bei schlechten Noten? 18

Lösungen 19

Die Autoren:

Detlev Heuchert arbeitet seit 1989 als Grundschullehrer, seit 2006 ist er Konrektor. Zu seinen Aufgaben zählt u.a. die Information der Eltern der Viertklässler über die weiterführenden Schulen. Die praktische Ausbildung von LehramtsanwärterInnen hat er häufig als Mentor (für den Bereich Mathematik) begleitet. Seit vielen Jahren schreibt er Lernhilfen für den Klett Verlag.

Stephan Wessolek ist Bildungsjournalist und Redakteur für Schule und Lernen bei der Elternzeitschrift „Familie & Co". Zuvor war er als Diplom-Sozialarbeiter (FH) im Bereich der Schularbeit mit sozialen Randgruppen tätig, als Germanist (B.A., M.A.) unterrichtete er in Kanada und Deutschland „Deutsch als Fremdsprache". Weiterer Schwerpunkt: Veranstaltungskooperationen mit Akademien, Instituten und Universitäten zu aktuellen Bildungsthemen.

Elternratgeber zu

Ich komme ins Gymnasium! Klassenarbeitstrainer Mathematik 4. Schuljahr
Autoren: Detlev Heuchert (Seiten 3–9), Stephan Wessolek (Seiten 9–18)

Auflage 5. 4. 3. | 2011 2010 2009
Die letzten Zahlen bezeichnen jeweils die Auflage und das Jahr des letzten Druckes.

Druck: Mediahaus Biering GmbH, München
Printed in Germany
Beilage zu 978-3-12-925806-4

Liebe Eltern,

Sie haben den Wunsch, dass Ihr Kind das Gymnasium besucht? Seine schulischen Leistungen deuten ebenfalls darauf hin, dass der Besuch dieser Schulform aussichtsreich erscheint? Darüber hinaus wollen Sie gemeinsam mit Ihrem Kind auch außerhalb des Schulunterrichts üben, um die Fähigkeiten Ihres Kindes noch mehr zu festigen oder gar auszubauen?
Der vorliegende Ratgeber unterstützt Sie in Ihren Bemühungen, Ihr Kind zu fördern, während der *Klassenarbeitstrainer Mathematik* Ihr Kind auf seinem Weg ins Gymnasium begleitet.

Wie kann mein Kind mit dem Buch üben?

Ich komme ins Gymnasium! Klassenarbeitstrainer Mathematik 4. Schuljahr enthält zu den vier Teilgebieten Arithmetik, Rechnen mit Größen, Textaufgaben und Geometrie je sechs Klassenarbeiten. Die ersten fünf beziehen sich auf spezifische Themenbereiche aus dem jeweiligen Teilgebiet, die sechste Klassenarbeit hingegen enthält jeweils Aufgaben aus allen Bereichen eines Teilgebiets.
Wie in der Schule erhält Ihr Kind für die Lösung der einzelnen Aufgaben Punkte. Am Ende wird die Gesamtpunktzahl für die jeweilige Klassenarbeit berechnet und entsprechend dieser Punktzahl eine Note zugeteilt. In diesem Klassenarbeitstrainer erfolgt die Benotung in Halbnotenstufen.
Angelehnt an schulische Klassenarbeiten beträgt der Zeitrahmen für die Bearbeitung jeder Arbeit 45 Minuten.
Noten und Zeitrahmen bieten Ihrem Kind auf diese Weise eine realistische Arbeitssituation und Ihnen eine klaren Einblick in die Arbeitsweise und Leistungsfähigkeit Ihres Kindes.
Die Arbeitsblätter sind perforiert und sollten vor Beginn herausgetrennt werden, um Ablenkungen durch Hin- und Herblättern vorzubeugen.
Keine Arbeit ohne Vorbereitung! Deshalb findet Ihr Kind im Band neben den Klassenarbeiten Regel- und Tippsammlungen, die ihm dabei helfen, Gelerntes zu wiederholen, Vergessenes nachzuschlagen und Klassenarbeiten clever vorzubereiten.
Sie, liebe Eltern, finden in diesem Ratgeber Fördertipps und Hinweise, wie Sie Ihr Kind beim Üben für Klassenarbeiten optimal begleiten können.

Klassenarbeiten in der Schule

Wann erfahre ich den Termin einer Klassenarbeit?

Sicherlich erfahren Sie durch Ihr Kind, wann es die nächste Klassenarbeit schreibt. Sie werden in der Regel vorangekündigt; in Absprache mit der Lehrerin oder dem Lehrer auch innerhalb einer bestimmten Zeit, die dann oft als Vorbereitungszeit für diese Klassenarbeit angesehen wird.
In der Regel wird eine Arbeit für 45 Minuten konzipiert. Je nach Arbeitstempo und Gründlichkeit, aber auch Fähigkeit wird diese Zeit durch die Kinder ganz ausgenutzt oder – bisweilen sogar – stark unterschritten.
Halten Sie Ihr Kind an, die Zeit, die es vielleicht früher fertig ist, für Proben und Nachkontrollen zu nutzen, um eventuelle Flüchtigkeiten wettzumachen, denn: Für eine frühzeitige Abgabe eines Tests gibt es keine Punkte.

Welche Anforderungen werden gestellt?

Die Vorankündigungen der Arbeiten enthalten auch das vorkommende Thema bzw. die vorkommenden Themen. Dabei werden stets Aufgaben verschiedenen Schwierigkeitsgrades einfließen. Allerdings wird Ihr Kind nicht vor neue Probleme gestellt werden, sondern findet nur das vor, was auch im Unterricht geübt und durch die Hausaufgaben gefestigt wurde.
Bei anscheinend Neuem handelt es sich lediglich um Aufgaben, die Transferleistungen zugrunde legen, also Aufgaben, die mit Hilfe des bisher Gelernten gelöst werden können. Zu solchen Transferleistungen sollte Ihr Kind fähig sein, denn sie werden im gymnasialen Bereich gefordert.
Überwiegend gute Noten, Freude am Mathematikunterricht sowie ausdauerndes und erfolgreiches Forschen und Knobeln sind Indikatoren, die darauf hindeuten, dass Ihr Kind den Anforderungen des Gymnasiums im Fach Mathematik gewachsen sein wird.
Verliert Ihr Kind hingegen rasch die Lust, sich einem schwierigeren Problem zu widmen und versucht, nur durch die Bearbeitung von Aufgabentypen, die es gut kann, genug Punkte zu sammeln, sind Zweifel hinsichtlich seiner Leistungsbereitschaft berechtigt.

Was wird abgetestet?

Der abgefragte Stoff in einer Klassenarbeit steht somit zwar unter einem bestimmten Thema, enthält aber innerhalb dieses Themas durchaus herausfordernde Aufgaben, bei deren Lösung Ihr Kind unter Umständen auch auf bereits früher Gelerntes zurückgreifen muss. Wenn beispielsweise in einer Klassenarbeit die schriftliche Division abgetestet wird, genügt es nicht, nur die Verfahrensweise zu kennen. Wenn zusätzlich zu den Divisionsaufgaben in der Aufgabenstellung auch eine Probe verlangt wird, muss Ihr Kind auch das Verfahren der schriftlichen Multiplikation beherrschen, die es lange vorher schon gelernt hat. Auch kann es sein, dass zu diesem Thema Aufgaben mit Geldbeträgen vorkommen. In diesem Fall muss Ihr Kind das überschlagende Rechnen beherrschen, um in der Lösung das Komma bei Geldbeträgen korrekt einzusetzen oder um Rechenfehlern bei stark abweichenden Rechenergebnissen auf die Spur zu kommen.

Wie werden Klassenarbeiten bewertet?

Im Bereich *Arithmetik* wird besonderes Augenmerk auf das Zahlenrechnen gelegt. Schriftliche Rechenverfahren werden hier abgetestet sowie das Erkennen und die Anwendung von Rechenvorteilen bei bestimmten Aufgabenmustern. Auch der flexible Umgang mit den Grundrechenarten spielt eine wichtige Rolle. Die Bedeutung der Stellenwerte von den Einern bis zur Million muss Ihrem Kind klar sein. Es muss darüber hinaus verschiedene Rechenwege zur Lösung begehen können. In Klassenarbeiten aus dem arithmetischen Bereich werden diese Aspekte besonders bewertet und je nach Beherrschung mit der entsprechenden Note belohnt.

Beim *Umgang mit Größen* sind es Kommaschreibweise, Umrechnungen von einer Einheit in die andere, stellengerechtes Untereinanderschreiben, Schätzungen von Längen, Gewichten und Geldsummen, die für die Bewertung einer Klassenarbeit eine wichtige Rolle spielen.

Textaufgaben verlangen von Ihrem Kind die Fähigkeit, Texte zu verstehen, Fragen abzuleiten, die zur Lösung relevanten Bestandteile aus den Texten herauszufinden und sie in eine mathematische Formel zu überführen. Aber auch der Umgang mit Schaubildern, aus denen mathematische Sachsituationen ableitbar sind, kommen in diesem Bereich vor. Für diese Leistungen werden in den Klassenarbeiten gesondert Punkte vergeben.

Bei der *Geometrie* stehen das räumliche Vorstellungsvermögen und der sorgfältige Umgang mit Zeichengeräten (Lineal, Geodreieck und Zirkel) im Vordergrund der Bewertung.

Im Einzelnen wird die Punktvergabe bei den schulischen Klassenarbeiten durch die Lehrerinnen und Lehrer, im vorliegenden Klassenarbeitstrainer Mathematik durch den Lösungsteil transparent und für Sie nachvollziehbar gestaltet. So können Sie erkennen, in welchen Teilbereichen Ihr Kind besonders leistungsfähig ist oder welche Teilbereiche durch gezielte Förderung noch verbessert werden könnten und sollten. Das Eintragen der Noten in die persönliche Leistungskurve auf Seite 15 im Klassenarbeitstrainer gibt Ihnen und natürlich Ihrem Kind weitere wertvolle Hinweise zum aktuellen Leistungsstand.

Klassenarbeitstraining

Gemeinsame Überlegungen

Wenn Termin und Thema für die nächste Mathematikarbeit feststehen, beginnt meist eine intensivere häusliche Vorbereitung.
Diese Vorbereitung sollte aber im Vorfeld gut überlegt sein. Hierbei sind besonders Sie als Eltern gefragt. Oft reagieren nämlich die Eltern aufgeregter als das Kind selbst auf die Ankündigung einer Arbeit, was dann nicht selten zu einer Übertragung dieser „Ängste" aufs Kind führt. Bedenken Sie deshalb zu Ihrer eigenen Beruhigung die folgenden Punkte:

Checkliste: Beruhigt in die Klassenarbeit

- ☐ Ihr Kind hat den Mathematikstoff der letzten Wochen im Unterricht gelernt und geübt.
- ☐ Es hat seine Hausaufgaben dazu regelmäßig angefertigt.
- ☐ Während des Fehlens – etwa durch eine Krankheit – wurde Ihr Kind durch eine Schulfreundin oder einen Schulfreund über neuen Stoff informiert.
- ☐ Im Allgemeinen hatte Ihr Kind im Bereich Mathematik bisher keine größeren Schwierigkeiten.

Angesichts solcher Überlegungen sollten Sie nun der Vorbereitungszeit auf eine Klassenarbeit gelassen entgegensehen und diese Gelassenheit auf Ihr Kind übertragen. Es wird Ihnen dafür dankbar sein, denn eine zusätzliche Belastung durch ängstliche oder all zu viel Ehrgeiz zeigende Eltern kann es nun wirklich nicht gebrauchen. Und schließlich sind die Ergebnisse von Klassenarbeiten nicht die einzigen Kriterien zur Findung einer Zeugnisnote.
Zeigen Sie aber ein deutliches Interesse an der kommenden Arbeit und machen Sie Ihrem Kind klar, dass es die Vorbereitungszeit dazu nutzen sollte, weiter zurückliegende Übungsteile noch einmal zu aktualisieren.
Erklären Sie sich bereit, die Arbeit Ihres Kindes zu begleiten, indem Sie sich Übungsergebnisse zeigen lassen, Rechenwege besprechen und würdigen und Fragen stellen, wenn Ihnen etwas unklar ist.
Wenn Sie Konzentrationsschwächen bemerken, unterbrechen Sie die Übungsphase und geben Sie Ihrem Kind die Möglichkeit, sich zu sammeln. Vielleicht räumen Sie ihm auch einen anderen Übungstermin ein.
Fördern Sie stets die Selbstständigkeit Ihres Kindes. Im vorliegenden *Klassenarbeitstrainer Mathematik* erhält Ihr Kind auch Tipps zur Vorbereitung auf Mathematikarbeiten. Trauen Sie Ihrem Kind zu, dass es selbst ermessen kann, was es genau üben sollte. Auch das ist ja ein wichtiger Punkt, der bei der Entscheidung, ob ein Kind ein Gymnasium besuchen sollte, zu berücksichtigen ist.

Weniger ist mehr

Dieses Wort lässt sich natürlich nicht einfach verallgemeinern, hat aber bei Vorbereitungen auf Klassenarbeiten durchaus eine gewisse Berechtigung, bedenkt man, dass in dieser Vorbereitungszeit eigentlich das geübt werden soll, was ohnehin schon in den vorangegangenen Wochen geübt worden ist.
Aktualisierung heißt also das Stichwort. Aktualisierung von bereits Gelerntem benötigt kein intensives „Neulernen". Oft genügt es, eine Regel noch einmal zu lesen, und der berühmte „Groschen" ist gefallen, sodass dazugehörende umfangreiche Aufgabensammlungen nicht noch einmal durchgekaut werden müssen.
Fragen Sie Ihr Kind, was es für wichtig hält bezüglich der nächsten Mathematikarbeit und bestärken Sie es darin, nur eben das noch einmal anzusehen.
Beim Durcharbeiten einer themenrelevanten Arbeit im Klassenarbeitstrainer kann Ihr Kind innerhalb von 45 Minuten selbst feststellen, wo sich solche wichtigen Übungsteile befinden und diese dann in kleinen Einheiten aufarbeiten.

Angst hilft nicht

Wenn Sie spüren, dass Ihr Kind vor der Arbeit Ängste zeigt, vermeiden Sie es, sich anstecken zu lassen. Erneuern Sie Ihr Angebot, sich Übungsergebnisse anzusehen. Loben Sie Ihr Kind für das, was es richtig gerechnet hat, loben Sie es für Ansätze, die zur Lösung führen und loben Sie es, wenn es Ihnen seinen Rechenweg erklärt. Wenn es hingegen Fehler gemacht hat, weisen Sie Ihr Kind darauf hin und geben Sie ihm das Gefühl, dass Sie seine Arbeit im Ganzen betrachten – mit richtigen Ergebnissen und den Fehlern, die man ja schließlich verbessern kann und soll. Die Arbeit an der Sache selbst lenkt von Ängsten ab.

→ Tipp

7 Tipps für entspanntes und angstfreies Lernen

- Besprechen Sie die Lösungen und evtl. Fehler mit Ihrem Kind auf einer sachlichen Ebene.
- Ermuntern Sie Ihr Kind, seine Fehler selbst zu entdecken und zu korrigieren. (Kleine Tipps sind erlaubt.)
- Lassen Sie Ihr Kind nicht über die vereinbarte Zeit hinaus arbeiten.
- Schaffen Sie Ihrem Kind eine Arbeitsumgebung, in der es ruhig ist und Ihr Kind all seine Unterlagen (z. B. eine Sammlung mit Rechenregeln) griffbereit vorfindet.
- Gestatten Sie gemeinsames Arbeiten mit einer Schulfreundin oder einem Schulfreund, wenn Sie durch andere Arbeitssituationen (z. B. durch gemeinsame Anfertigung von Hausaufgaben) wissen, dass Ihr Kind dabei ernsthaft und anstrengungsbereit bei der Sache ist.
- Besprechen Sie mit Ihrem Kind einen Übungsplan. Jeder erfolgreich abgearbeitete Punkt ist ein Erfolgserlebnis für Ihr Kind und vermittelt ihm Sicherheit.
- Die zwischenzeitliche, nicht an Vorankündigungen von „wirklichen" Klassenarbeiten gebundene Arbeit mit dem Klassenarbeitstrainer routiniert die Beschäftigung mit Klassenarbeiten. Das ist für die Vorbereitung von „richtigen" Klassenarbeiten ganz wichtig, denn: Routinen sind gerade nicht mit Ängsten besetzt, sondern stellen Selbstverständlichkeiten dar.

Bedeutung von Klassenarbeiten

Klassenarbeiten galten und gelten oft noch immer als eine Art „Schreckgespenst", obwohl die dafür erteilten Noten nicht allein ausschlaggebend für die Gesamtbeurteilung der Leistung Ihres Kindes sind.
Es wäre auch zu viel verlangt, die Momentaufnahme Klassenarbeit in den Mittelpunkt der Bewertungen zu rücken. Trotz intensiver Vorbereitung kann es aus verschiedenen Gründen gerade am Tag der Arbeit zu Fehlern kommen, die dann zu einer schlechteren Note führen, aber das tatsächliche Können Ihres Kindes nicht richtig widerspiegeln. Solche Gründe könnten sein:

- Unwohlsein, das durch die Angst vor der Arbeit selbst hervorgerufen wird und sich als Aufgeregtheit niederschlägt.
- Das augenblickliche familiäre und soziale Umfeld Ihres Kindes, das es belastet, falls besondere Ereignisse stattfinden oder stattgefunden haben.
- Eine Sitznachbarin oder ein Sitznachbar, die oder der Ihr Kind ablenkt.
- Eine ungewohnte Umgebung durch Platzwechsel, der aus irgendwelchen Gründen angeordnet wird.

Es gibt noch eine ganze Reihe anderer Faktoren, die Ihnen bekannt sind und Konzentrationsmängel hervorrufen können.
Sie wissen das. Deshalb sollten Sie sich bemühen, Ihrem Kind, wenn es denn nicht die von ihm erwartete Note erhalten hat, so zu begegnen, dass es nicht das Gefühl hat, hier sei nun eine Welt zusammengebrochen. Im Gegenteil, Ihr Kind soll spüren, dass es das Ergebnis zum Anlass nehmen soll, genau zu überprüfen, welche Fehler ihm unterliefen und zu analysieren, ob diese nun aus einem Übungsmangel heraus entstanden sind (dann soll das Versäumte nachgeübt werden, um es in einer anderen Situation präsent zu haben) oder ob Angst und Aufgeregtheit zur Blockade führten (dann sind fachlich keine Übungsschritte mehr nötig, sondern eine schrittweise Hinwendung zu einem angstfreien Angehen solcher Situationen). Hier ist Ihr Feingefühl gefragt.
Eine wirklich schlechte Note dürfte bei Ihrem Kind kaum vorkommen, wenn es insgesamt sowohl in Ihren Augen als auch in denen der Lehrerin oder des Lehrers als leistungsfähig erscheint. Falls doch, so wird das eine untypische Leistung sein, der weiterhin keine Bedeutung zukommen sollte.
Der Aufbau von Klassenarbeiten variiert natürlich. Nicht jede Lehrerin und jeder Lehrer folgt da einem einheitlichen Muster, sodass alleine der äußere Rahmen einer Klassenarbeit eine gewisse Gewöhnungsbedürftigkeit hat. Die Arbeiten in diesem *Klassenarbeitstrainer Mathematik* können durch den möglicherweise ungewohnten Aufbau solche „Anfangsprobleme" darstellen, die dann möglicherweise auch zu einer nicht gewollten Note führen. Aber nach einer kurzen Zeit der Beschäftigung mit dem *Klassenarbeitstrainer Mathematik* wird das „Problem" für Ihr Kind nicht mehr relevant sein und der eigentliche Effekt, nämlich praxisnah für Klassenarbeiten üben zu können, wird sich einstellen.

Neue Schule, neues Glück!

Bereits im Laufe des 3. Schuljahres (in Berlin und Brandenburg ist es in Klassenstufe 5), beschäftigt Eltern und Kinder die Frage, wie es nach der Grundschule weitergehen soll. Dies zeigt: Der Übertritt ins Gymnasium bzw. in eine andere weiterführende Schule wird von allen Beteiligten, Eltern, Lehrern und Schülern, als eine wichtige Weichenstellung wahrgenommen.
Voraussetzung für eine fundierte Entscheidung über die schulische Zukunft Ihres Kindes ist eine möglichst genaue Kenntnis seines individuellen Leistungsvermögens, seiner Talente, Begabungen und Fähigkeiten im Hinblick auf die Anforderungen, die die verschiedenen Schultypen an ihre Schülerinnen und Schüler stellen.
Einfach ist die Entscheidung, wenn Ihr Kind zu den besten Schülern in seiner Klasse gehört, eine schnelle Auffassungsgabe besitzt, gerne lernt, Herausforderungen grundsätzlich als Chance begreift und damit ein potenzieller Kandidat fürs Gymnasium ist. Doch längst nicht alle Kinder lassen sich eindeutig einem bestimmten Leistungsniveau zuordnen.
Umso wichtiger ist es für Eltern, sich rechtzeitig vor dem Schulwechsel ein genaues Bild von der Lernbereitschaft und dem Leistungsvermögen ihres Kindes zu machen.
Wichtige Hinweise liefern Gespräche zwischen Eltern und Lehrern über das Lern-

verhalten des Kindes in der Schule und zu Hause, die Empfehlung, die jedes Kind im letzten Grundschuljahr erhält sowie die jüngsten Zeugnisnoten. All diese Indikatoren geben Auskunft über den Leistungsstand, die Lernentwicklung und die individuellen Fähigkeiten des Kindes.
Sind Eltern mit der Empfehlung nicht einverstanden und überzeugt, dass ihr Kind mehr leisten kann, können sie sich in den meisten Bundesländern über das Gutachten hinwegsetzen und ihr Kind auch dann aufs Gymnasium schicken, wenn es „nur" eine Realschulempfehlung hat. Achten Sie bei Ihrer Entscheidung aber darauf, dass Sie Ihr Kind weder über- noch unterfordern. Ob Ihr Kind den Anforderungen des Gymnasiums gewachsen ist, können Sie anhand der Checkliste (s. u.) überprüfen. Bedenken Sie dabei immer, dass Ihrem Kind mehrere Wege zum Bildungsziel Abitur offenstehen, das Gymnasium hierzu also nur den direktesten Zugang bietet

Info

Grundschulempfehlung
In der Beurteilung durch den Klassenlehrer fließen außer dem Leistungsstand das Arbeitsverhalten, der Leistungswille, das Lerntempo, die Intelligenz und die Begabung des Kindes ein.

Checkliste: Ist mein Kind fit fürs Gymnasium?

Je mehr Antworten positiv ausfallen, desto besser die Aussichten:

- ☐ Mein Kind kann gut rechnen und beherrscht die Grundrechenarten sowie das Einmaleins.
- ☐ Mein Kind erfasst schnell Aufgabenstellungen und ist clever bei der Suche nach Lösungswegen.
- ☐ Mein Kind liest flüssig und gerne, verfügt über einen großen Wortschatz und erfasst Texte schnell.
- ☐ Mein Kind schreibt fast fehlerfrei und teilt sich auch gerne schriftlich mit.
- ☐ Mein Kind hat Spaß am Lernen und ist Neuem gegenüber aufgeschlossen.
- ☐ Mein Kind geht gerne in die Schule und beteiligt sich aktiv am Unterricht.
- ☐ Mein Kind kann systematisch denken und findet Lösungen ohne Unterstützung von außen.
- ☐ Mein Kind ist einfallsreich und kreativ.
- ☐ Mein Kind hat selten Schwierigkeiten mit den Hausaufgaben, erledigt sie zügig und selbstständig.
- ☐ Mein Kind schreibt vorwiegend Einsen und Zweien und gehört in seiner Klasse zu den leistungsstarken Schülern.

Das Lernen lernen

Auch das Lernen will gelernt sein! Den Schritt vom spielerischen zum systematischen Lernen hat Ihr Kind in der Grundschule vollzogen. Folgende Kniffe und Strategien erleichtern ihm auch in seiner neuen Schule effektives und zielgerichtetes Lernen:

→ Tipp

10 Tricks für besseres Lernen

- in kleinen Häppchen statt in großen Portionen lernen
- mit dem Einfachen beginnen und sich langsam zum Schwierigen vorarbeiten
- möglichst zwischen verschiedenen Stoffgebieten wechseln, d.h. nach Deutsch lieber Mathematik als Englisch lernen
- genügend Pausen zwischen einzelnen Lernschritten einlegen
- neues Wissen mit bereits Bekanntem verknüpfen
- neuen Lernstoff in regelmäßigen Abständen wiederholen
- möglichst viele Lernkanäle benutzen, indem man den Lernstoff z. B. aufschreibt, liest, selbst erzählt oder bildlich darstellt
- das Gelernte so oft wie möglich im Alltag anwenden
- für eine optimale Lernumgebung sorgen (vgl. S. 13 ff)
- nach dem Lernen lieber toben als sich durch emotional aufwühlende PC-Spiele klicken, damit sich der Lernstoff besser im Gedächtnis verankern kann

Welcher Lerntyp ist mein Kind?

Jedes Kind lernt anders. Warum? Der Lernstoff, den wir aufnehmen, gelangt über die Sinnesorgane ins Gedächtnis. Da die Sinne je nach Erfahrung und Veranlagung bei jedem Kind unterschiedlich ausgeprägt sind, bedeutet dies, dass es unterschiedliche Lerntypen gibt. Wer weiß, welchen Sinn sein Kind beim Lernen bevorzugt, kennt seine Stärke und kann sie entsprechend fördern. Lernforscher unterscheiden drei Grundtypen des Lernens:

Info

Die drei häufigsten Lerntypen:

Der Sehtyp
Visuell begabte Kinder nehmen Informationen am besten auf, wenn sie optisch ansprechend aufbereitet sind – beispielsweise durch Skizzen, Bilder, Illustrationen, Filme, Dias und Grafiken.

Förderung:
Ermuntern Sie Ihr Kind, im Unterricht mitzuschreiben. Als Sehtyp, der ohnehin gerne liest, kann es sich Fakten so leicht merken. Achten Sie auch auf eine angenehme Lernumgebung, einen aufgeräumten Schreibtisch und darauf, dass Ihr Kind farbige Stifte, Textmarker, Mindmaps, Nachschlagewerke, Bücher, das Internet und optisch anspruchsvolle Lernhilfen benutzt. Mit regelmäßigen Besuchen in Buchhandlungen oder öffentlichen Büchereien schaffen Sie zusätzliche Lese- und Lernanreize.

Der Hörtyp
Auditiv lernende Kinder nehmen gehörte Informationen leicht auf, können sie gut behalten und ebenso gut wiedergeben. Vorgetragenes, Gedichte und Melodien prägen sich ihnen schnell ein, an Gesehenes hingegen können sie sich meist schlechter erinnern.

Förderung:
Bieten Sie Ihrem Kind an, Dinge, die es sich merken will, auf Kassette aufzusprechen, damit es sie sich anschließend mehrmals anhören kann. Auch lautes Vorlesen hilft ihm, sich Sachen zu merken. Gegenseitiges Abfragen im Familien- oder Freundeskreis ist eine seiner bevorzugten Lernmethoden. Da Hörtypen meist sehr geräuschempfindlich sind, sollten Sie für eine ruhige Lernumgebung sorgen.

Der Bewegungstyp
Der motorische Lerntyp ist praktisch veranlagt, lernt am besten durch eigenes Tun, Erleben und Experimentieren. „Lernen durch Handeln" lautet die Maxime, nach der er eigenständige Erfahrungen macht und theoretisches Wissen am besten „begreift".

Förderung:
Beziehen Sie, wo immer es geht, Bewegung und Handeln ins Üben ein. Lassen Sie Ihr Kind zum Beispiel beim Auswendiglernen im Zimmer auf und ab gehen oder neue Vokabeln mit ausholenden Bewegungen in die Luft malen.

Die wichtigsten Tipps zum Üben mit dem Buch sind auf den folgenden Seiten für Sie noch einmal zusammengestellt. Was für ein Lerntyp ist Ihr Kind? Markieren Sie im folgenden Lerntypen-Test die Aussagen, die auf Ihr Kind zutreffen. Der Buchstabe mit den meisten Kreuzen entspricht dem Lerntyp Ihres Kindes. Ist Ihr Kind ein Misch-Typ, gibt es meist trotzdem eine bevorzugte Rangfolge:

Kleiner Lerntypen-Test

- ☐ Mein Kind bewegt beim Lesen die Lippen. (H)
- ☐ Mein Kind gestikuliert viel beim Reden. (B)
- ☐ Mein Kind schaut sich gerne Bilder und Grafiken an. (S)
- ☐ Mein Kind kann Gehörtes gut nacherzählen. (H)
- ☐ Mein Kind mag Puzzle und spielt gerne Memory. (S)
- ☐ Mein Kind lernt Vokabeln, indem es sie aufsagt. (H)
- ☐ Mein Kind versteht Schaubilder erst nach Erklärung. (H)
- ☐ Mein Kind bastelt und experimentiert gerne. (B)
- ☐ Mein Kind kann beim Lernen nicht lange still sitzen. (B)
- ☐ Mein Kind lernt am liebsten alleine. (S)
- ☐ Mein Kind merkt sich Gesichter eher als Namen. (S)
- ☐ Mein Kind prägt sich Erlebtes besser ein als Erzähltes. (B)
- ☐ Mein Kind mag Radio mehr als Fernsehen. (H)

S = Sehtyp H = Hörtyp B = Bewegungstyp

Auf das Umfeld kommt es an

Wie erfolgreich Ihr Kind in der Schule ist, hängt nicht zuletzt vom häuslichen Umfeld und der unmittelbaren familiären Lernsituation ab. Sie sollte geprägt sein von Offenheit, Toleranz, Gelassenheit, Anerkennung – und Vertrauen in die Fähigkeiten Ihres Kindes.

Je wohler sich Ihr Kind zu Hause fühlt, desto besser lernt es. Notendruck, familiäre Probleme, Versagensangst und mangelndes Interesse der Eltern am Schulgeschehen hingegen behindern die freie Entfaltung der natürlichen Lust am Lernen. Aufgabe der Eltern ist es also, Bedingungen zu schaffen, die es ihrem Kind ermöglichen, seine Talente, Neigungen und Fähigkeiten entdecken und weiterentwickeln zu können.

Zu einer intakten Lernumgebung gehören

- ein geregelter Tagesablauf
- ein anregendes Lernumfeld
- viel Bewegung und eine gesunde Ernährung
- ein ruhiger Arbeitsplatz

Dem Tag eine Struktur geben

Wecken Sie Ihr Kind so, dass es genug Zeit zum Waschen, Anziehen und für das gemeinsame Frühstück hat. Den Ranzen sollte es bereits am Abend zuvor gepackt haben, sodass es am Morgen nur noch das Pausenfrühstück einpacken muss. Nach der Schule

steht das Mittagessen und eine anschließende Pause zum Ausruhen oder Spielen auf dem Programm. Das Leistungshoch am Nachmittag sollte dazu genutzt werden, die Hausaufgaben zu machen, die je nach Dauer von einer oder mehreren Pausen unterbrochen sein sollten.
Der spätere Nachmittag gehört dann wieder dem Spiel, den Hobbys und der Freizeitgestaltung in- und außerhalb des Hauses. Das gemeinsame Abendessen bietet Gelegenheit zu einer familiären Gesprächsrunde, in der auch schulische Themen und Probleme besprochen werden können. Zeitiges Zubettgehen schließlich sorgt dafür, dass Ihr Kind am nächsten Morgen gut ausgeruht ist und dem Unterricht konzentriert folgen kann.
Wichtig: Ein geregelter Tagesrhythmus mit festen Lernzeiten gibt Ihrem Kind Sicherheit und Orientierung!

Lernanreize schaffen
Je mehr Anregungen und Gelegenheiten zum Üben und Vertiefen schulischer Lerninhalte das häusliche Umfeld bietet, desto intensiver und nachhaltiger beschäftigt sich Ihr Kind mit dem in der Schule vermittelten Wissen.
Dabei sollten sich Eltern stets ihrer Rolle als Vorbild bewusst sein: Gehören das Lesen von Zeitungen, Zeitschriften und Büchern, Gespräche über Schulereignisse und der Gedankenaustausch über interessante Themen zum Erfahrungsalltag des Kindes, begreift es die Aneignung von Wissen als Bereicherung und selbstverständlichen Bestandteil seines Lebens.
Zusätzlich unterstützen können Eltern die Neugierde und Lernfreude ihres Kindes, indem sie ihm Informationsquellen und Nachschlagewerke wie das Internet, Wörter- und Sachbücher sowie Lexika zur Verfügung stellen.

Info

Multimediales Kinderzimmer
Elektronische Medien sind ein fester Bestandteil unserer Arbeits-, Schul- und Freizeitwelt – und können das Lernen sowie die Erkundungskompetenz unterstützen. Eltern sollten ihrem Kind also einen zeitlich begrenzten, an den Lernzielen orientierten Zugriff auf PC-Programme und das Internet ermöglichen.

Bewegung und gesunde Ernährung
Ob in der Schule oder zu Hause: Zum aufmerksamen Zuhören und konzentrierten Lernen gehören auch eine gesunde Ernährung und viel Bewegung.
Achten Sie also darauf, dass Ihr Kind – vom Frühstück über das Pausenbrot bis zum Abendessen – mit allen wichtigen Nährstoffen, wie sie vollwertige Ernährung bietet, versorgt ist. Stimmt die Nährstoffbilanz, verfügt Ihr Kind über ausreichend Energie zum Lernen. Und: Natürlich steht einem Schokoriegel oder Snack am Ende eines anstrengenden Lernnachmittags nichts im Weg! Ähnliches gilt für das Thema Bewegung. Auch sie fördert die intellektuelle Entwicklung, die Leistungsfähigkeit und Konzentration, indem sie z. B. dafür sorgt, dass der Körper, insbesondere das Gehirn, gut durchblutet ist. Ihr Kind sollte sich also in seiner Freizeit und in den Lernpausen viel bewegen – am besten an der frischen Luft.

Der lernfreundliche Arbeitsplatz

Macht in den ersten Grundschuljahren ein Arbeitsplatz in der Nähe der Eltern, z.B. am Küchentisch, noch Sinn, so brauchen Kinder mit dem Wechsel auf die weiterführende Schule einen eigenen Schreibtisch, an dem sie – am besten im eigenen Zimmer – ungestört und konzentriert ihre Hausaufgaben erledigen können. Der Tisch sollte groß genug und aufgeräumt, um Ablenkung zu vermeiden. Wichtig: Damit sich Ihr Kind in seiner Arbeitsumgebung wohl fühlt, sollte auf gemütliche Accessoires wie Poster und Grünpflanzen nicht verzichtet werden.

Checkliste: Ist der eigene Arbeitsplatz richtig eingerichtet?

- ☐ Schreibtisch und Stuhl sind höhenverstellbar und erlauben bequemes Sitzen und Arbeiten.
- ☐ Utensilien wie Hefte, Schmierpapier, Stifte, Lineal, Spitzer, Radiergummi und Bücher sind in Unterschränken und Regalen leicht erreichbar.
- ☐ Es ist genügend Licht vorhanden - entweder in Form von Tageslicht oder durch eine helle Schreibtischlampe.
- ☐ Zur ausreichenden Sauerstoffversorgung wird der Raum regelmäßig gelüftet.
- ☐ Der Arbeitsplatz ist von Hektik und störenden Geräuschen, z. B. durch Telefon und Radio, abgeschirmt.
- ☐ Die Raumtemperatur beträgt ca. 20°C.

Die Hausaufgaben

Natürlich steigen mit dem bevorstehenden Übertritt ins Gymnasium oder eine andere weiterführende Schule die Erwartungen und Anforderungen an Ihr Kind – auch in puncto Hausaufgaben. Sie haben den Zweck, das in der Schule Gelernte zu vertiefen, den Wissensstand zu überprüfen und zu selbstständigem Arbeiten anzuregen. Die Schulaufgaben sollten daher eigenständig, zügig, sorgfältig und vollständig gemacht werden.
Feste Zeiten und ein Plan, welche Aufgaben in welcher Reihenfolge erledigt werden, erleichtern Ihrem Kind den täglichen Umgang mit den „Schulis" – und sorgen dafür, dass noch genügend Zeit für andere Aktivitäten bleibt.
Grundsätzlich sollte Ihr Kind bei den Hausaufgaben ohne fremde Hilfe auskommen. Das schließt aber nicht aus, dass Sie ihm nicht dann und wann unter die Arme greifen. Tun Sie das aber grundsätzlich erst dann, wenn Ihr Kind Sie ausdrücklich um Unterstützung bittet – und verfahren Sie dann nach dem Prinzip der minimalen Hilfe.

Von minimal bis intensiv

Auf der Rangliste möglicher Hilfen steht das Gespräch an erster Stelle. Oft erledigt sich ein Problem dadurch, dass Ihr Kind es Ihnen gegenüber formuliert – und dabei ganz von selbst auf die Lösung kommt.

Der Tipp, doch im Lehrbuch oder in einem Lexikon nachzuschlagen, geht schon etwas weiter, bestärkt Ihr Kind aber in seiner Unabhängigkeit. Einen gezielten Lösungshinweis zu geben, um dem Kind auf die Sprünge zu helfen, ist wegen des Gewöhnungseffekts nur in Ausnahmefällen ratsam.
Noch vorsichtiger sollten Eltern mit der Möglichkeit umgehen, mehrere Arbeitsschritte gemeinsam zu vollziehen – zu groß ist die Gefahr, dass das Kind am Ende nur aufschreibt, was Mutter oder Vater ihm vorgeben.
Gänzlich verzichten sollten Eltern darauf, die gesamten Hausaufgaben zu kontrollieren oder gar zu verbessern. Damit tun sie nicht nur Ihrem Kind keinen Gefallen, sondern verhindern auch, dass sich der Lehrer ein objektives Bild vom Leistungsstand seiner Schüler machen kann – und nicht einschätzen kann, ob er mit dem Stoff fortfahren kann oder noch eine Übungsschleife einlegen muss.

→ Tipp

So klappt es mit den Hausaufgaben

- Ermuntern Sie Ihr Kind zum Mitdenken im Unterricht. So prägt es sich den Lernstoff ein - und spart am Nachmittag Zeit bei den Hausaufgaben.
- Die Schulaufgaben gleich an dem Nachmittag erledigen, an dem der Stoff behandelt wurde. So ist er noch präsent und die Aufgaben gehen einfacher und schneller von der Hand.
- Nach etwa 45 Minuten konzentriertem Lernen sollte eine fünf- bis zehnminütige Pause eingelegt werden, in der sich Ihr Kind bewegt, frische Luft schnappt und etwas trinkt.

Lernblockaden

Auch fleißigen und begabten Schülern kann es passieren: Schlechte Noten und schulische Misserfolge kratzen am Selbstbewusstsein, die Motivation sinkt, der Stresspegel steigt, blockiert das Lernen – und läutet so geradewegs die nächste Niederlage ein. „Lernblockade" nennen Fachleute diesen Teufelskreis, von einem „Knoten im Kopf" sprechen betroffene Kinder.

Symptome erkennen und richtig reagieren

Zunächst einmal geht es darum, die Symptome einer Lernblockade zu erkennen. Typische Merkmale sind Versagensängste (z. B. vor Klassenarbeiten), anhaltende Lern- und Schulunlust, häufiges körperliches Unwohlsein (z. B. Kopf- oder Bauchweh am Morgen), Selbstzweifel, permanenter Hausaufgabenstress, Konzentrationsstörungen, mangelnde Ausdauer oder Aggressivität.
Um Lernblockaden zu stoppen und den Spaß am Lernen in Ihrem Kind neu zu wecken, müssen die individuellen Ursachen des Problems erkannt und behoben werden. Klar ist, dass ein Hochschrauben der Leistungserwartungen und der damit verbundene Erfolgsdruck den Stress nur vergrößern – und somit kein geeignetes Mittel darstellen.
Ist die Lernblockade auf ein zu hohes Unterrichtstempo, schlecht aufbereiteten Lernstoff, längere Fehlzeiten und dadurch bedingte Verständnis- und Wissenslücken zu-

rückzuführen, sollten Sie mit dem Klassenlehrer über eine Verbesserung der Lernbedingungen sowie den Einsatz spezieller Lernhilfen und Förderprogramme bis hin zu Nachhilfestunden sprechen. Wichtig: Prüfen Sie sorgfältig, ob die Lernblockade auf einer grundlegenden Über- bzw. Unterforderung Ihres Kindes beruht, und ziehen Sie bei Zweifeln Ihren Kinderarzt, einen Beratungslehrer oder Schulpsychologen hinzu.
Bei Blockaden aufgrund falschen Lernverhaltens sollten Sie sowohl die Arbeitsbedingungen als auch die Lernstrategien Ihres Kindes unter die Lupe nehmen und bei Bedarf optimieren (vgl. S. 13 ff.).

Bloß kein Stress!

Neben Problemen mit dem Lernverhalten und bestimmten Lerninhalten sind es oft Stress und Angst, die sich hemmend auf das Lernvermögen von Kindern auswirken. Es ist dann Ihre Aufgabe als Eltern, Ihrem Kind das Zutrauen in die eigene Leistungsfähigkeit zurückzugeben, indem Sie ihm den Rücken stärken und auf jeden Druck verzichten.
Im Gegenteil: Sie als Eltern sollten ihr Kind loben, wo immer es angebracht ist, und jeden Schritt würdigen, den es nach vorne macht. Anerkennen Sie seine Anstrengungsbereitschaft, die investierte Zeit und Energie, seine Ausdauer und Konzentration. Vor allem: Machen Sie ihm klar, dass Ergebnisse, insbesondere Noten, nur Momentaufnahmen sind, die keinerlei Rückschlüsse auf das tatsächliche Lernpotenzial erlauben und mit der Persönlichkeit Ihres Kindes nichts zu tun haben. Dann gewinnt Ihr Kind genau das Selbstvertrauen zurück, das für motiviertes und erfolgreiches Lernen so überaus wichtig ist.

→ Tipp

Genau beobachten

Wo Stress beim Lernen an der Tagesordnung ist, geht der Blick für das, was positiv ist, leicht verloren. Lenken Sie daher Ihre Aufmerksamkeit auf die Stärken Ihres Kindes und beobachten Sie sein Lernverhalten genau: Wie und wann lernt mein Kind? Was mag es, was nicht? Wofür strengt es sich an, und welche seiner Stärken sind nützlich fürs Lernen?

Fortschritte loben

Loben Sie Ihr Kind mindestens einmal am Tag für etwas Positives, z. B. bei den Hausaufgaben. Tipp: Führen Sie ein Lobbuch, in dem Sie festhalten, worüber Sie sich gefreut haben – und teilen Sie diese Freude mit Ihrem Kind.

Erfolge festigen

Hat Ihr Kind Fortschritte gemacht, indem es z. B. sein Hausaufgabenheft ordentlich führt, die vereinbarten Lernzeiten einhält oder den Gebrauch von Hilfsmitteln wie Lexika, Wörterbücher oder Internet übt, halten Sie weiterhin am Vorrang des Lobs vor der Kritik fest. Nur so verselbstständigt sich der Erfolg und wird, neben dem Spaß, zum eigentlichen Motor des Lernens.

Was tun bei schlechten Noten?

Nicht die einzelne Note zählt, sondern die Entwicklung der Zensuren über einen längeren Zeitraum. Für Eltern kommt es also darauf an, einen möglichen schulischen Leistungsabfall rechtzeitig zu erkennen und – unabhängig von langfristigen Strategien, z.B. in Form von zusätzlichen Lernangeboten oder Nachhilfe – unmittelbar und angemessen zu reagieren. Dazu gehört vor allem ein ausführliches Gespräch mit dem Kind, in dem es seine Schwierigkeiten beschreibt und Vorschläge macht, wie es seine Noten verbessern könnte. Da Kinder schlechte Noten ohnehin als Niederlage empfinden, sollten Eltern auf Schuldzuweisungen und Vorwürfe verzichten – und ihm stattdessen ihre Hilfe anbieten.

→ Tipp

So klappt es mit den Noten
Reagieren Sie nicht erst, wenn ein Problem auftaucht, sondern sprechen Sie regelmäßig mit Ihrem Kind und seinen Lehrern über die Lernsituation zu Hause und in der Schule. Und seien Sie zuversichtlich: Eine verpatzte Arbeit ist noch lange kein Drama.

WICHTIG: Sollte Ihr Kind aufgrund seiner Noten den Wechsel aufs Gymnasium jetzt nicht schaffen, ist das kein Beinbruch! Die Durchlässigkeit unseres Schulsystems erlaubt es ihm, das Abitur später immer noch zu erreichen.

Seiten 17–18

1. Pro Zeile **1 P.**

	M	HT	ZT	T	H	Z	E	Zahl
a)	0	0	8	3	4	4	1	83441
b)	1	0	7	6	0	3	2	1076032
c)	0	3	0	0	0	0	4	300004
d)	1	3	0	0	4	6	5	1300465
e)	0	1	6	9	0	2	3	169023
f)	0	0	0	9	3	0	0	9300

2. Pro Zeile **1 P.**

	M	HT	ZT	T	H	Z	E	Zahl
a)						1	4	14
b)					2	1	0	210
c)				2	8	0	0	2800
d)			3	5	0	0	0	35000
e)		4	2	0	0	0	0	420000
f)	4	9	0	0	0	0	0	4900000

3. Für jeden Eintrag **1 P.**

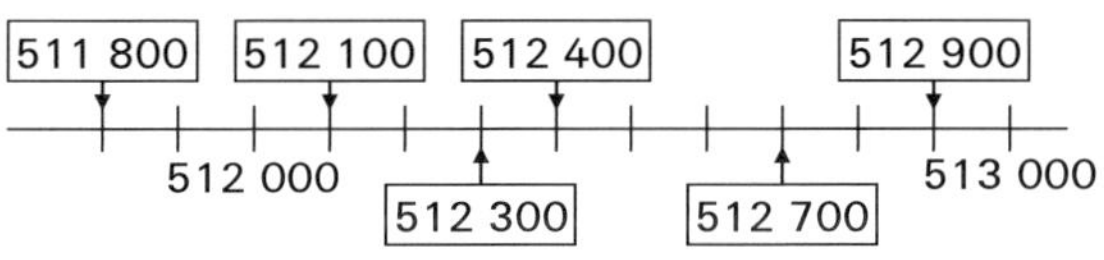

4. Für jede Zahl **1 P.**

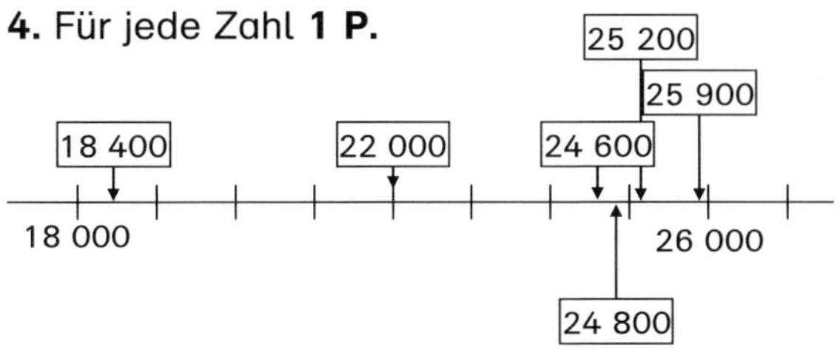

5. Für jeden Eintrag **1 P.**

Nachbartausender	Nachbarhunderter	Vorgänger	Zahl	Nachfolger	Nachbarhunderter	Nachbartausender
21000	21200	21209	21210	21211	21300	22000
3000	3000	3055	3056	3057	3100	4000
120000	120700	120718	120719	120720	120800	121000
1034000	1034200	1034297	1034298	1034299	1034300	1035000

6. (**1 P.** für Einhaltungen der Bedingungen; je **1 P.** für die Zahlen)
12346, 12364, 12436, 12463, 12634, 12643

7. (**1 P.** für jede Zeile)
a) 127500 b) 16600
c) 7020 d) 1450000

8. (**1 P.** für jede Rundung)
a) volle Zehner: 167 ≈ 170; 1672 ≈ 1670; 16725 ≈ 16730
b) volle Tausender: 167253 ≈ 167000; 1672530 ≈ 1673000

9. (**1 P.** für jeden Pfeil)

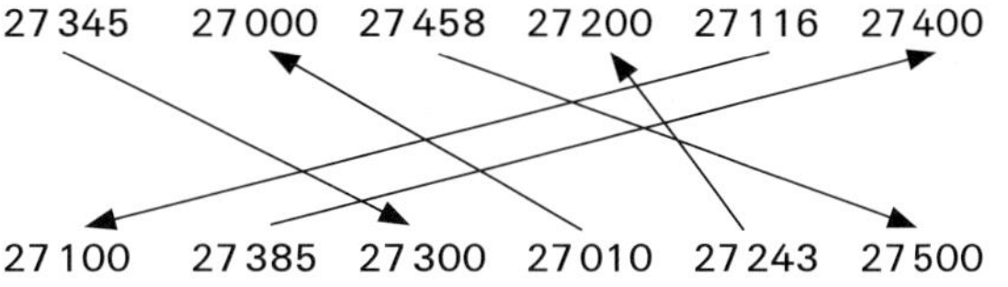

Noten-Übersicht für die Klassenarbeit „Orientierung im Zahlenraum bis zu 1 Million":

Punkte	Note
70–69	1
68–65	1,5
64–60	2
59–53	2,5
52–46	3
45–41	3,5
40–35	4
34–25	4,5
24–14	5
13–7	5,5
6–0	6

Seiten 19–20

1. a) 834 + 12741 + 85 = 13660 **1 P.**
2007 + 9248 + 85 = 11340 **1 P.**
b) 13660 + 11340 = 25000 **1 P.**

2. 2349 + 401 + 115 = 2865 **1 P.**
455 + 3035 + 1012 + 28 = 4530 **1 P.**
888 + 422 + 1417 + 333 = 3060 **1 P.**

3. Je Aufgabe **1 P.**
328 + 232 = 560 403 + 157 = 560
392 + 168 = 560 533 + 27 = 560
222 + 338 = 560 453 + 107 = 560

4. Für jede Aufgabe **1 P.**

a)
```
  4822
+ 1466
   1
------
  6288
```

b)
```
  7605
+  497
  111
------
  8102
```

c)
```
  3243
+ 4656
------
  7899
```

d)
```
  1259
+ 3721
+ 1684
  111
------
  6664
```

e)
```
  3324
+ 4271
+ 1849
  111
------
  9444
```

f)
```
    49
+ 4063
+  299
    22
------
  4411
```

5. Für jede Aufgabe **1 P.**

298 + 366 = 664
288 + 376 = 664
278 + 386 = 664
268 + 396 = 664

494 + 727 = 1 221
484 + 737 = 1 221
474 + 747 = 1 221
464 + 757 = 1 221
454 + 767 = 1 221
444 + 777 = 1 221
434 + 787 = 1 221
424 + 797 = 1 221

6. Für jede Aufgabe **1 P.**
a) Übertragszahlen: 3; 1; 1
b) Übertragszahlen: 2; 1; 3
c) Übertragszahlen: 1; 2; 3
d) Übertragszahlen: 3; 1; 2

7. Für jede Aufgabe **1 P.**
Falsch sind die Aussagen a und d **2 P.**
Richtig sind die Aussagen b und c **2 P.**

Noten-Übersicht für die Klassenarbeit „Addition“:

Punkte	Note
38–37	1
36–35	1,5
34–32	2
31–29	2,5
28–25	3
24–22	3,5
21–19	4
18–13	4,5
12–8	5
7–4	5,5
3–0	6

Seiten 21–22

1. (**1 P.** für jede Aufgabe)
763 – 97 = 763 – 100 + 3 = 666
962 – 296 = 962 – 300 + 4 = 666
963 – 298 = 963 – 300 + 2 = 665
762 – 96 = 762 – 100 + 4 = 666

Das ist dir vielleicht aufgefallen:
Das Aufgabenmuster ist bei der dritten Aufgabe unterbrochen.

2. a) 10 Aufgaben sind möglich **1 P.**
b) **1 P.** für jede Aufgabe
2 445 – 2 355 = 90
2 445 – 2 345 = 100
2 445 – 2 145 = 300
2 445 – 2 055 = 390
2 355 – 2 345 = 10
2 355 – 2 145 = 210
2 355 – 2 055 = 300
2 345 – 2 145 = 200
2 345 – 2 055 = 290
2 145 – 2 055 = 90

3. ☼ = 103; ☺ = 10; 💡 = 93; ☾ = 1 180
1 P. für jede Aufgabe
a) 368 – 103 = 265
b) 103 – 93 = 10
c) 103 – 10 = 93
d) 1 283 – 93 – 10 = 1 180
e) 1 180 – 103 – 93 – 10 = 974

4. 1 P. für jede Aufgabe
a) 2 673 – 563 = 2 110
b) 2 673 – 363 = 2 310
c) 2 673 – 173 = 2 500
d) 2 673 – 503 = 2 170

5. (**8 P.**; für jede Aufgabe **1 P.**)

```
  14552          oder:      3 4
-  1819                   14552
   1 1                  -  1819
-------                 -------
  12733                   12733
```

```
  12733          oder:      1 2
-  1819                   12733
   1 1                  -  1819
-------                 -------
  10914                   10914
```

```
  10914        oder:     0 80
- 1819                   10914
   1 1                 - 1819
  9095                   9095

  9095         oder:     8 8
- 1819                   9095
  1 1                  - 1819
  7276                   7276

  7276         oder:     6 6
- 1819                   7276
  1 1                  - 1819
  5457                   5457

  5457         oder:     4 4
- 1819                   5457
  1 1                  - 1819
  3638                   3638

  3638         oder:     2 2
- 1819                   3638
  1 1                  - 1819
  1819                   1819
```

1819 − 1819 = 0

6. (**6 P.**; für jeden Fehler **1 P.**)

```
a)  55628       oder:    4 5
  -  6334                55628
     1 1               -  6334
    49294                49294

b)  320456      oder:    21  4
  -  31229               320456
     11  1             -  31229
    289227               289227
```

(fett: 49**294**; 2**89**227)

7. (**4 P.**; für jede Nummer **1 P.**)
falsch ist Satz d; richtig sind a; b; c

a) Wenn du 10000 durch 5 teilst, erhältst du 2000. Wenn du 5-mal die 2000 von 10000 subtrahierst, erhältst du 0.
b) 1000 − 500 = 500; 500 − 250 = 250; 250 − 125 = 125;
c) 128 − 64 = 64; 64 − 32 = 32; 32 − 16 = 16; 16 − 8 = 8; 8 − 4 = 4; 4 − 2 = 2; 2 − 1 = 1
d) Du siehst, dass man zur Lösung von Aufgabe c) mehr Aufgaben benötigt als bei b).

Noten-Übersicht für die Klassenarbeit: „Subtraktion“:

Punkte	Note
42–41	1
40–39	1,5
38–36	2
35–32	2,5
31–28	3
27–24	3,5
23–21	4
20–15	4,5
14–8	5
7–4	5,5
3–0	6

Seiten 23–24

1. a) 33 · 148 = 4884 **1 P.**; BA stimmt **1 P.**; BB ist falsch **1 P.**
b) 25 · 409 = 10225 **1 P.**; BA ist falsch **1 P.**; BB ist falsch **1 P.**
c) 63 · 663 = 41769 **1 P.**; BA stimmt **1 P.**; BB stimmt **1 P.**

2. Für jede Aufgabe **1 P.**

a)
```
3 4 5 · 7
  2 4 1 5
```
b)
```
6 8 0 · 7
  4 7 6 0
```
c)
```
4 3 8 · 5
  2 1 9 0
```
d)
```
4 8 7 · 5
  2 4 3 5
```

3. Für jede Aufgabe **1 P.**
a) 236 · 70 = 16520
b) 809 · 20 = 16180
c) 968 · 500 = 484000
d) 177 · 90 = 15930
e) 639 · 9 = 5751
f) 491 · 80 = 39280

4. Für jede Aufgabe **1 P.**

a) 237 · 3 = 711
711 · 3 = 2133
2133 · 3 = 6399
6399 · 3 = 19197

237 · 81 = 19197

b) 174 · 2 = 348
348 · 3 = 1044
1044 · 4 = 4176
4176 · 5 = 20880

174 · 120 = 20880

c) 735 · 2 = 1470
1470 · 5 = 7350
7350 · 2 = 14700
14700 · 5 = 73500

735 · 100 = 73500

5.

a) 421 · 7 Überschlag: 400 · 7 = 2800 **1 P.**
Das Ergebnis wird größer sein. **1 P.**

b) 678 · 4 Überschlag: 700 · 4 = 2800 **1 P.**
Das Ergebnis wird kleiner sein. **1 P.**

Noten-Übersicht für die Klassenarbeit: „Multiplikation“:

Punkte	Note
38–37	1
36–35	1,5
34–32	2
31–29	2,5
28–25	3
24–22	3,5
21–19	4
18–13	4,5
12–8	5
7–4	5,5
3–0	6

Seiten 25–26

1.

a) 11758 : 8 = 1469 Rest 6 (oder: R 6) **1 P.**
11760 : 8 wäre ohne Rest teilbar. (Von Rest 6 bis Rest 8 bzw. Rest 0 sind es 2 Einer mehr.) **1 P.**

b) 7926 : 7 = 1132 Rest 2 (oder: R 2) **1 P.**
7931 : 7 wäre ohne Rest teilbar. (Von Rest 2 bis Rest 7 bzw. Rest 0 sind es 5 Einer mehr.) **1 P.**

2.

a) 2307 : 7 = 329 Rest 4 **1 P.**
(oder: R 4)
21
20
14
67
63
4

b) 8157 : 9 = 906 Rest 3 **1 P.**
(oder: R 3)
81
05
0
57
54
3

c) 4437 : 8 = 554 Rest 5 **1 P.**
(oder: R 5)
40
43
40
37
32
5

d) 1607 : 6 = 267 Rest 5 **1 P.**
(oder: R 5)
12
40
36
47
42
5

3.

a) 17864 : 5 = 3**5**72 Rest 4 **1 P.**
(oder: R 4)
15
28
25
36
35
14
10
4

b) 27031 : 9 = 30**0**3 Rest 4 **1 P.**
(oder: R 4)

```
27031 : 9 = 3003
27
 00
  0
  03
   0
   31
   27
    4
```

c) 9630 : 7 = 137**5** Rest **5** **1 P.**
(oder: R **5**)

```
9630 : 7 = 1375
7
26
21
 53
 49
  40
  35
   5
```

4. Pro Teilaufgabe **2 P.** (**1 P.** für die Lösung; **1 P.** für den richtigen Rest)

a) 33 694 : 3 = 11 231 Rest 1 (oder: R 1)
b) 27 187 : 3 = 9 062 Rest 1 (oder: R 1)
c) 24 329 : 3 = 8 109 Rest 2 (oder: R 2)
d) 49 219 : 7 = 7 031 Rest 2 (oder: R 2)
e) 82 483 : 8 = 10 310 Rest 3 (oder: R 3)
f) 45 356 : 5 = 9 071 Rest 1 (oder: R 1)

5. a) 288 : 3 = 96; Lösung ist richtig **1 P.**
b) 7 066 : 7 = 1 009 Rest 8; Rest ist falsch. Der Rest kann nicht gleich oder größer sein als die Zahl, durch die man teilt. Es müsste Rest 3 heißen. **1 P.**
c) 44 563 : 4 = 11 140 Rest 4; Rest ist falsch. Der Rest kann nicht gleich oder größer sein als die Zahl, durch die man teilt. Es muss ein Rest von 3 sein. **1 P.**
d) 13 333 : 3 = 444 Rest 1; Lösung ist falsch. Ein kurzer Überschlag würde zeigen, dass die Lösung größer sein muss als 4 000, nämlich genau 4 444 Rest 1. **1 P.**

6.
a) 38 160 : 4 = 9 540
38 160 : 40 = 954 **1 P.**
b) 140 700 : 6 = 23 450
140 700 : 60 = 2 345 **1 P.**
c) 488 880 : 9 = 54 320
488 880 : 90 = 5 432 **1 P.**
d) 699 780 : 3 = 233 260
699 780 : 30 = 23 326 **1 P.**

Noten-Übersicht für die Klassenarbeit: „Division“:

Punkte	Note
31–30	1
29	1,5
28–26	2
25–23	2,5
22–20	3
19–18	3,5
17–16	4
15–11	4,5
10–6	5
5–3	5,5
2–0	6

Seiten 27–28

1.
a) 4 250 · 2 + 100 = 8 600 **1 P.**
4 250 · (2 + 50) = 221 000 **1 P.**
b) (128 + 2) · 2 = 260 **1 P.**
128 + 2 + 2 = 132 **1 P.**
c) 537 + 33 : 3 = 548 **1 P.**
(537 + 33) : 3 = 190 **1 P.**

2. So lautet das kleinste Ergebnis:
(44 − 11) : 11 = 3 **2 P.**
(**1 P.** für die Rechenart und **1 P.** für die Klammer)
So lautet das größte Ergebnis:
44 · (11 + 11) = 968 **2 P.**

3. Pro Teilaufgabe **2 P.** (**1 P.** für alle Lösungen; **1 P.** für Einhaltungen der Bedingungen)
a) Quersumme 7 haben:
16; 25; 34; 43; 52; 61
b) Quersumme 7 haben: 124; 142

4. 1 P. für jede Aufgabe

a) Die zu ergänzende Zahl ist 1769.
b) Die zu ergänzende Zahl ist 1506.
c) Die zu ergänzende Zahl ist 892.
d) Die zu ergänzende Zahl ist 1542.
e) Die zu ergänzende Zahl ist 6233.
f) Die zu ergänzende Zahl ist 9869.

5.
a) Man kann 6 Aufgaben rechnen:
100 − 1 = 99
99 − 2 = 97
97 − 4 = 93
93 − 8 = 85
85 − 16 = 69
69 − 32 = 37
37 − 64 geht in der Grundschule nicht mehr.
2 P. (**1 P.** für die Rechnungen; **1 P.** für die Erkenntnis, dass es nur 6 Subtraktionen gibt)
b) Man kann nur 7 Aufgaben rechnen:
200 − 1 = 199
199 − 2 = 197
197 − 4 = 193
193 − 8 = 185
185 − 16 = 169
169 − 32 = 137
137 − 64 = 73
73 − 128 geht in der Grundschule nicht mehr
2 P. (**1 P.** für die Rechnungen; **1 P.** für die Erkenntnis, dass es nur 7 Subtraktionen gibt und nicht etwa doppelt so viele wie bei a)).

6. 217 · 3 = 651
651 · 4 = 2604
2604 · 5 = 13020
13020 · 6 = 78120
78120 · 7 ist auf jeden Fall größer als 100000
5 P. (**4 P.** für die Rechnungen und **1 P.** für die Erkenntnis, dass die 5. Aufgabe 100000 überschreiten würde)

7. Nur Zahlen, deren Quersumme durch 3 teilbar ist, sind auch selbst durch 3 teilbar. Das gilt auch, wenn du von der Quersumme noch einmal die Quersumme bildest.

Zahlen mit der Quersumme 15: 357; 375; 537; 573; 735; 753 **6 P.** (**1 P.** pro Zahl)
Zahlen mit der Quersumme 21: 579; 597; 759; 795; 957; 975 **6 P.** (**1 P.** pro Zahl)

Noten-Übersicht für die Klassenarbeit: „Grundrechenarten und vermischte Aufgaben":

Punkte	Note
41–40	1
39–38	1,5
37–35	2
34–31	2,5
30–27	3
26–24	3,5
23–21	4
20–14	4,5
13–8	5
7–4	5,5
3–0	6

Seiten 29–30

1. (**6 P.**; für jede Zeile **1 P.**)

10 €	1 €	10 ct	1 ct
4	5	7	9
4	5	9	7
4	7	5	9
4	7	9	5
4	9	5	7
4	9	7	5

2. (**5 P.**; für jede Aufgabe **1 P.**)
120,24 € : 2 = 60,12 €
120,24 € : 3 = 40,08 €
120,24 € : 4 = 30,06 €
120,24 € : 6 = 20,04 €
120,24 € : 8 = 15,03 €
Du kannst auch zuerst in Cent umwandeln und die Ergebnisse dann wieder mit Komma schreiben.

3. (**6 P.**; für jede Aufgabe **1 P.**)
12,34 € · 2 = 24,68 €
24,68 € · 2 = 49,36 €
49,36 € · 2 = 98,72 €
98,72 € · 2 = 197,44 €
197,44 € · 2 = 394,88 €
394,88 € · 2 = 789,76 €

800 € – 10,24 € = 789,76 € **1 P.**

4. (**4 P.**; für jeden Eintrag **1 P.**)

Bleistifte	5	10	1	3	8
Preis (€)	2,95	5,90	0,59	1,77	4,72

5. (**4 P.**; für jeden Eintrag **1 P.**)

Radierer	10	11	40	30	1
Preis (€)	8,50	9,35	34,00	25,50	0,85

6. 1 540 € – 500 € = 1 040 € **1 P.**
1 040 € : 8 = 130 € **1 P.**
30 € · 34 = 1 020 € **1 P.**
5 · 30 € = 150 € **1 P.**
(Zur Überprüfung der 4 Aussagen reichen diese Rechnungen aus!)
Richtige Antworten sind:
☒ Das ist viel zu wenig Geld.
☒ Mit 30 € pro Monat müsste er mehr als 34 Monate lang bezahlen.

7. Ein Karton mit 12 Joghurtbechern kostet ungefähr 10 €. — nein ☒
Er kostet genau: 5,88 €
12 · 49 ct = 588 ct = 5,88 € **2 P.** (**1 P.** für Rechnung und **1 P.** für Umwandlung)

Meine 5 € reichen für 6 Schlüsselanhänger. — nein ☒
Sie kosten genau: 8,70 €
6 · 1,45 € = 870 ct = 8,70 € **2 P.**

Wenn die Lehrerin den Flohmarkterlös von 57,60 € auf die 4 ersten Klassen gleichmäßig verteilt, bekommt jede Klasse ungefähr 18 €. — nein ☒
5 760 ct : 4 = 1 440 ct
1 440 ct = 14,40 €
Jede Klasse bekommt genau: 14,40 € **2 P.**

Notenübersicht für die Klassenarbeit „Umgang mit Geldbeträgen“:

Punkte	Note
36–35	1
34–33	1,5
32–31	2
30–27	2,5
26–24	3
23–21	3,5
20–18	4
17–13	4,5
12–7	5
6–4	5,5
3–0	6

Seiten 31–32

1. 38 m · 6 = 228 m **1 P.**
1 km = 1000 m **1 P.**
228 m ⟶ 1 Tag
228 m · 5 = 1 140 m ⟶ 1 Tag · 5 = 5 Tage
1 P.

Antwort: Nach 5 Tagen hat sie mindestens 1 km zurückgelegt. **1 P.**

2.
Umwandlung der Angaben in m **1 P.**
1 200 m + 1 400 m + 333 m + 10 004 m + 17 500 m + 1 m + 18 m + 7 548 m
= 38 004 m **1 P.**
38 004 m = 38,004 km **1 P.**

3. (**6 P.**; für jede Strecke **1 P.**)
Von D nach E = gleiche Strecke wie von B nach C = 0,670 km; von A nach B = 10 m weniger als von D nach E = 0,660 km. Alle bekannten Wege addieren:
Von A nach B = 0,660 km
Von B nach C = 0,670 km
Von D nach E = 0,670 km
Von E nach F = <u>0,390 km</u>
2,390 km
Diese Summe von der Gesamtstrecke subtrahieren: 4,260 km – 2,390 km = 1,870 km
1,870 km : 2 = 1870 m : 2 = 935 m
Von C nach D = 0,935 km
Von F nach A = 0,935 km

4. (**6 P.**)

1. Kalle: 100 cm 30 mm
2. Wolf: 109 cm
3. Anja: 120 cm 11 mm
4. Kathrin: 1,27 m
5. Andy: 1 m 32 cm
6. Maria: 135 cm

5. (**5 P.**; für jede Aufgabe **1 P.**)

a) Es ist unwahrscheinlich, dass mein Bleistift 25 mm (= 2,5 cm) breit ist.
b) Es kann gut sein, dass ein Passagierflugzeug 4200 cm (= 42 m) lang ist.
c) Es ist unwahrscheinlich, dass mein Vater 135 mm (= 13,5 cm) groß ist.
d) Es ist unwahrscheinlich, dass ein Hamster bis zu 30 mm (= 3 cm) groß werden kann.
e) Es kann gut sein, dass das Auto meiner Mutter 4225 mm (= 4,225 m) lang ist.

6. Auto von Herrn Müller:
Länge: 4770 mm = 4,77 m
Breite: 1800 mm = 1,80 m
Höhe: 1420 mm = 1,42 m **3 P.**

Auto von Herrn Schmitz:
Länge: 3850 mm = 3,85 m
Breite: 1670 mm = 1,67 m
Höhe: 1380 mm = 1,38 m **3 P.**

Noten-Übersicht für die Klassenarbeit „Rechnen mit Größen – Umgang mit Längen":

Punkte	Note
30–29	1
28	1,5
27–26	2
25–23	2,5
22–20	3
19–17	3,5
16–15	4
14–11	4,5
10–6	5
5–3	5,5
2–0	6

Seiten 33–34

1. a) **8 P.** (**1 P.** für jeden Eintrag)

1 kg 300 g	30 g	3 g	10 kg 10 g
1,3 kg	0,03 kg	0,003 kg	10,01 kg

12 g	3000 g	250 g	$\frac{1}{2}$ kg
0,012 kg	3 kg	0,25 kg	0,5 kg

b) **8 P.** (jede Zeile **1 P.**)

10 kg	1 kg	100 g	10 g	1 g
0	0	0	0	3
0	0	0	1	2
0	0	0	3	0
0	0	2	5	0
0	0	5	0	0
0	1	3	0	0
0	3	0	0	0
1	0	0	1	0

2. 12 volle Wasserflaschen:
1 Flasche wiegt 36 g + 1000 g = 1036 g
12 · 1036 g = 12432 g = 12,432 kg
3 P. (**1 P.** für jede Rechnung und **1 P.** für die Umwandlung)
9 Wasserflaschen:
9 · 1036 g = 9324 g = 9,324 kg
2 P. (**1 P.** für Rechnung; **1 P.** für Umwandlung)
Beschädigte Flasche:
1036 g – 500 g = 536 g = 0,536 kg
2 P. (**1 P.** für Rechnung; **1 P.** für Umwandlung)
Alle Flaschen im Regal:
8 Fl. + 10 neue Fl. = 18 Fl. **1 P.**
18 · 1036 g = 18648 g = 18,648 kg
2 P. (**1 P.** für Rechnung; **1 P.** für Umwandlung)

3. (**4 P.**; **1 P.** für jede Spalte)

Traglast des Krans	5,4 t	3,9 t	4,2 t	3 t
Gewicht der Lkw-Ladung	15580 kg	3090 kg	4300 kg	3000 kg
Anzahl der Arbeitsgänge des Krans	3	1	2	1

4. (**6 P.**; pro Umwandlung **1 P.**)
1 700 kg = 1,700 t
350 kg = 0,350 t
49 kg = 0,049 t
2 t 1 kg = 2,001 t
6000 kg = 6 t
1 kg = 0,001 t
1,700 t + 0,350 t + 0,049 t + 2,001 t + 6 t + 0,001 t = 10,101 t **1 P.**

5. (**8 P.**; **1 P.** für jede richtige Position)
$\frac{1}{4}$ kg < 300 g < 500 g < 1 800 g < 1,900 kg < 4 kg < $\frac{1}{2}$ t < 1200 kg

6. (**6 P.**; **1 P.** pro Aufgabe)
Eine Tafel Schokolade wiegt 100 g.
Vier 10-jährige Kinder wiegen 100 kg.
Vier große Lkw können zusammen 100 t Ladung transportieren.
Vier Schultaschen wiegen zusammen 10000 g.
Zehn 10-jährige Kinder wiegen $\frac{1}{4}$ t.
Ein Brief wiegt 0,020 kg.

Noten-Übersicht für die Klassenarbeit „Umgang mit Gewichten“:

Punkte	Note
51–50	1
49–47	1,5
46–43	2
42–39	2,5
38–34	3
33–30	3,5
29–26	4
25–18	4,5
17–10	5
9–5	5,5
4–0	6

Seiten 35–36

1. (**12 P.**)
450 ml + 550 ml = 1 l
45 ml + 955 ml = 1 l
104 ml + 896 ml = 1 l
0,250 l + 0,750 l = 1 l
0,040 l + 0,960 l = 1 l
0,007 l + 0,993 l = 1 l
1 450 ml − 450 ml = 1 l
1 060 ml − 60 ml = 1 l
3001 ml − 2001 ml = 1 l
2,123 l − 1,123 l = 1 l
5,047 l − 4,047 l = 1 l
7,002 l − 6,002 l = 1 l

2. (**8 P.**; für jede Aufgabe **2 P.** für Rechnung und Umwandlung)
a) 3,120 l + 0,950 l + 1,222 l + 0,708 l = 6 l
b) 14,200 l − 8,459 l + 0,259 l = 6 l
c) 1,011 l + 0,130 l + 8 l − 3,141 l = 6 l
d) 13,525 l − 12 l + 4,475 l = 6 l

3. (**1 P.** für jede Berechnung)
Tim: 1 600 ml = 1,6 l
Markus: 1 600 ml + 300 ml = 1 900 ml
= 1,9 l
Lisa: 1 900 ml : 2 = 950 ml = 0,95 l
Lara: 950 ml − 200 ml = 750 ml = 0,75 l

4.

750 ml	750 ml	750 ml	750 ml	800 ml
3 Becher zu je 250 ml	5 Becher zu je 150 ml	6 Becher zu je 125 ml	10 Becher zu je 75 ml	4 Becher zu je 200 ml
1 P.	**1 P.**	**1 P.**	**1 P.**	**1 P.**

5. (**6 P.**; für jede Aufgabe **1 P.**)
a) 25 · 0,5 l = 12,5 l
14 · 0,25 l = 3,5 l
12,5 l + 3,5 l = 16 l
b) 6 · 0,5 l = 3 l
6 · 0,25 l = 1,5 l
16 l − 4,5 l = 11,5 l
Antworten: Es befinden sich am Morgen 16 l Milch in der Theke, bis mittags wurden schon 11,5 l verkauft. **2 P.** (für jede Teilantwort **1 P.**)

6. 1,5 l = 1 500 ml **1 P.**
1 500 ml − 250 ml = 1 250 ml **1 P.**
125 ml für 1 Tag, also:
125 ml · 10 = 1 250 ml; das macht also 10 Tage **1 P.**
Antwort: Am 11. Tag ist das Gefäß voll. **1 P.**

7.

Hände waschen		Wasserverbrauch ml	
1		625	
2		1 250	**1 P.**
4		2 500	**1 P.**
8	**1 P.**	5 000	
11		6 875	**1 P.**
12	**1 P.**	7 500	

Noten-Übersicht für die Klassenarbeit „Umgang mit Volumen“:

Punkte	Note
46–45	1
44–43	1,5
42–39	2
38–35	2,5
34–30	3
29–27	3,5
26–23	4
22–16	4,5
15–9	5
8–5	5,5
4–0	6

Seiten 37–38

1. (**15 P.**; **1 P.** pro Feld)

Tage	h	min
2	48	2 880
3	72	4 320
4	96	5 760
5	120	7 200
6	144	8 640
7	168	10 080

2. (**14 P.**; **1 P.** für jedes auszufüllende Feld)

Station 1	16.35	17.00	17.25	17.50	18.15
Station 2	16.41	17.06	17.31	17.56	18.21
Station 3	16.53	17.18	17.43	18.08	18.33
Station 4	17.01	17.26	17.51	18.16	18.41

3. Die Bahn hat sich um 3 min verspätet, sie hätte um 18.16 Uhr da sein sollen.
2 P.

4. (**5 P.**; pro auszufüllendes Feld **1 P.**)

1 h 11 min	660 s	$2\frac{1}{2}$ h	2 400 s	1 h 1 380 s
71 min	11 min	150 min	40 min	83 min

Sortieren:
11 min < 40 min < 71 min < 83 min < 150 min
1 P.

5. Jens Mutter fährt 9 km in 12 min. In 60 min wäre sie 5-mal so weit gekommen.
Sie fährt also mit einer Geschwindigkeit von
5 · 9 km/h = 45 km/h. **2 P.**

Jens fährt 9 km in 30 min. In 60 min wäre er 2-mal so weit gekommen.
Er fährt also mit einer Geschwindigkeit von
2 · 9 km/h = 18 km/h. **2 P.**

Jens Vater fährt 9 km in 10 min. In 60 min wäre er 6-mal so weit gekommen.
Er fährt also mit einer Geschwindigkeit von
6 · 9 km/h = 54 km/h. **2 P.**

Der Bus fährt 9 km in 20 min. In 60 min wäre er 3-mal so weit gekommen.
Er fährt also mit einer Geschwindigkeit von
3 · 9 km/h = 27 km/h. **2 P.**

6. (**12 P.**; für jede Lücke **1 P.**)
100 m pro min = 6 000 m pro h (m/h) = 6 km pro h (km/h)
400 m pro min = 24 000 m pro h (m/h) = 24 km pro h (km/h)
850 m pro min = 51 000 m pro h (m/h) = 51 km pro h (km/h)
875 m pro min = 52 500 m pro h (m/h) = 52,5 km pro h (km/h)
925 m pro min = 55 500 m pro h (m/h) = 55,5 km pro h (km/h)
980 m pro min = 58 800 m pro h (m/h) = 58,8 km pro h (km/h)

7. (**18 P.**; für jede Lücke **1 P.**)
5 m pro s = 300 m pro min (m/min) = 18 000 m pro h (m/h) = 18 km/h
15 m pro s = 900 m pro min (m/min) = 54 000 m pro h (m/h) = 54 km/h
20 m pro s = 1 200 m pro min (m/min) = 72 000 m pro h (m/h) = 72 km/h

25 m pro s = 1 500 m pro min (m/min) = 90 000 m pro h (m/h) = 90 km/h
30 m pro s = 1 800 m pro min (m/min) = 108 000 m pro h (m/h) = 108 km/h
35 m pro s = 2 100 m pro min (m/min) = 126 000 m pro h (m/h) = 126 km/h

Noten-Übersicht für die Klassenarbeit „Umgang mit der Zeit“:

Punkte	Note
75–74	1
73–69	1,5
68–64	2
63–57	2,5
56–50	3
49–44	3,5
43–38	4
37–26	4,5
25–15	5
14–8	5,5
7–0	6

Seiten 39–40

1. a + b) Für Teilaufgabe a) **10 P.**; für Teilaufgabe b) **1 P.**
15,39 € < 15,93 € < 19,35 € < 19,53 € < 31,59 € < 31,95 € < 35,19 € < 35,91 € < 39,15 € < 39,51 €

c) **2 P.** (**1 P.** richtige Zahlen und **1 P.** richtiges Ergebnis)
15,39 € + 15,93 € + 19,35 € + 19,53 € = 70,20 €

d) 31,59 € + 31,95 € + 35,19 € + 35,91 € + 39,15 € + 39,51 € = 213,30 € **2 P.**

e) **10 P.** (für jede Zeile **1 P.**)
15,39 € = 1 539 ct : 3 = 513 ct = 5,13 €
15,93 € = 1 593 ct : 3 = 531 ct = 5,31 €
19,35 € = 1 935 ct : 3 = 645 ct = 6,45 €
19,53 € = 1 953 ct : 3 = 651 ct = 6,51 €
31,59 € = 3 159 ct : 3 = 1 053 ct = 10,53 €
31,95 € = 3 195 ct : 3 = 1 065 ct = 10,65 €
35,19 € = 3 519 ct : 3 = 1 173 ct = 11,73 €
35,91 € = 3 591 ct : 3 = 1 197 ct = 11,97 €
39,15 € = 3 915 ct : 3 = 1 305 ct = 13,05 €
39,51 € = 3 951 ct : 3 = 1 317 ct = 13,17 €

2. (**3 P.**; umwandeln **1 P.**, richtig zusammenstellen für die Addition **1 P.**, Lösung **1 P.**)
1,200 km + 0,425 km + 2,028 km + 1,000 km + 1,000 km + 2,028 km + 2,028 km + 1,000 km + 1,144 km = 11,853 km

3. (**4 P.**; je **1 P.** für Umwandlung und **1 P.** für Addition)
Gruppe 1:
68 kg + 2018 kg + 11 kg = 2 097 kg
Gruppe 2:
2 004 kg + 12 kg + 81 kg = 2 097 kg

4. durchstreichen: Hamster, Buch und Auto (**3 P.**; je **1 P.**) richtig ist: Luftmatratze, Spielwürfel und Wasser (**3 P.**; je **1 P.**)

5. (**6 P.**; pro Lücke **1 P.**)

Duschen	1-mal	7-mal	4-mal	40-mal	52-mal	104-mal	26-mal
Wasserverbrauch	32 l	224 l	128 l	1 280 l	1 664 l	3 328 l	832 l

6. (**8 P.**; pro Rechnung **1 P.**)

756 km	126 km	63 km	189 km	252 km
60 min	10 min	5 min	15 min	20 min

378 km	567 km	1 134 km	1 512 km
30 min	45 min	90 min	120 min

7.

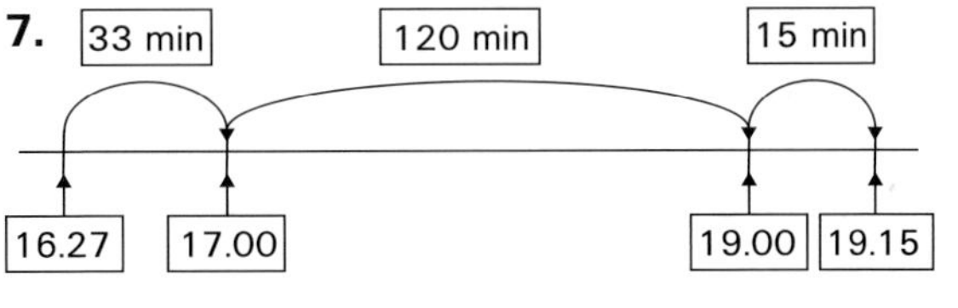

33 min + 120 min + 15 min = 168 min **1 P.**
168 min : 7 (7 Stationen) = 24 min **1 P.**

6 P. (jeweils **1 P.** pro Lücke)

Station 1	16.27 Uhr
Station 2	16.51 Uhr
Station 3	17.15 Uhr
Station 4	17.39 Uhr
Station 5	18.03 Uhr
Station 6	18.27 Uhr
Station 7	18.51 Uhr
Station 8	19.15 Uhr

Noten-Übersicht für die Klassenarbeit „Größen, vermischte Aufgaben“:

Punkte	Note
60–59	1
58–56	1,5
55–51	2
50–45	2,5
44–40	3
39–35	3,5
34–30	4
29–21	4,5
20–12	5
11–6	5,5
5–0	6

Seiten 41–42

1. Frage: Wie viel Geld muss Frau Müller bezahlen? **1 P.**

24 · 2,20 € = 52,80 € **1 P.**
2 · 4,50 € = 9,00 € **1 P.**
52,80 € + 9,00 € = 61,80 € **1 P.**

Antwort: Frau Müller muss 61,80 € für die Rheinrundfahrt bezahlen. **1 P.**

2. Frage: Wie viel Geld hat der Hausmeister von der Lehrerin bekommen? **1 P.**

17 · 2,70 € = 45,90 € **1 P.**
4 · 2,30 € = 9,20 € **1 P.**
45,90 € + 9,20 € = 55,10 € **1 P.**

Antwort: Der Hausmeister bekam von der Lehrerin 55,10 €. **1 P.**

3. Für Frage, Rechnung, Antwort je **1 P.**
Frage: In wie viel Minuten ist Kathrin zu Hause?
4 min + 3 min + 16 min + 5 min = 28 min
Antwort: Kathrin ist in 28 Minuten zu Hause.

4. Frage: Wie viel Stunden muss die Maschine laufen, um 400 000 Schrauben herzustellen? **1 P.**

16 000 ⟶ 1 Stunde
160 000 ⟶ 10 Stunden **1 P.**
320 000 ⟶ 20 Stunden **1 P.**
80 000 ⟶ 5 Stunden **1 P.**
400 000 ⟶ 25 Stunden **1 P.**

Antwort: Für 400 000 Schrauben muss die Maschine genau 25 Stunden laufen. **1 P.**
(Wenn du auf anderem Weg zu der richtigen Lösung gekommen bist, ist das auch in Ordnung und gibt genau dieselbe Punktzahl!)

5. a) Sarahs Aufgabentext nimmt das Ergebnis der Rechnung vorweg.
Richtig müsste er lauten: Frau Schmitz kauft für sich und ihre 3 Freundinnen für insgesamt 92 € Musicalkarten. Was kostet eine Karte? **1 P.**
b) 23 € · 4 = 92 € **1 P.**

6. Der zweite Text passt zur Rechnung. **1 P.**
Begründung: Herr Meyer braucht Zaun für 4 · 57 m und 5 m zusätzlich für die Breite des Eingangstores. **1 P.**

Noten-Übersicht für die Klassenarbeit „Umgang mit Texten“:

Punkte	Note
23–22	1
21	1,5
20	2
19–17	2,5
16–15	3
14–13	3,5
12	4
11–8	4,5
7–5	5
4–2	5,5
1–0	6

Seiten 43–44

1.

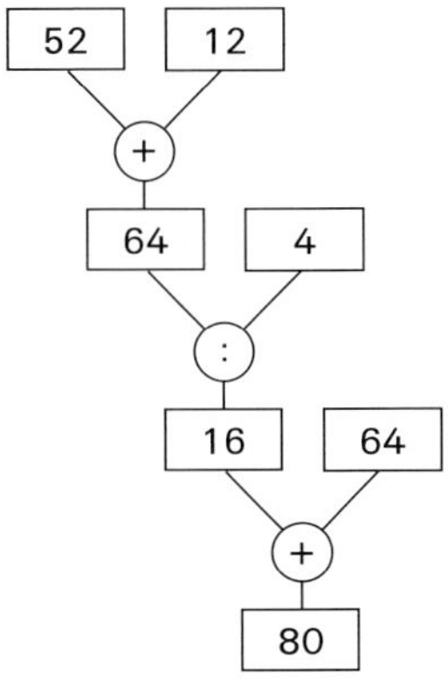

1 P.

1 P.

1 P.

Zuerst addiere ich 52 und 12, das ergibt 64. Diese Summe dividiere ich durch 4, um $\frac{1}{4}$ der Menge zu erhalten. Das Ergebnis addiere ich wiederum zu den 64 Karten hinzu und bekomme so die Menge der Karten, die Mira insgesamt besitzt. (Wenn du Ähnliches geschrieben hast und zum gleichen Ergebnis kommst, ist das natürlich auch richtig!) **1 P.**
Antwort: Mira besitzt nun insgesamt 80 Karten. **1 P.**

2. (**3 P.**; für jeden richtigen Balken **1 P.**)

3. (**5 P.**; für jeden richtigen Balken **1 P.**)
1 Kästchen = 5 Minuten

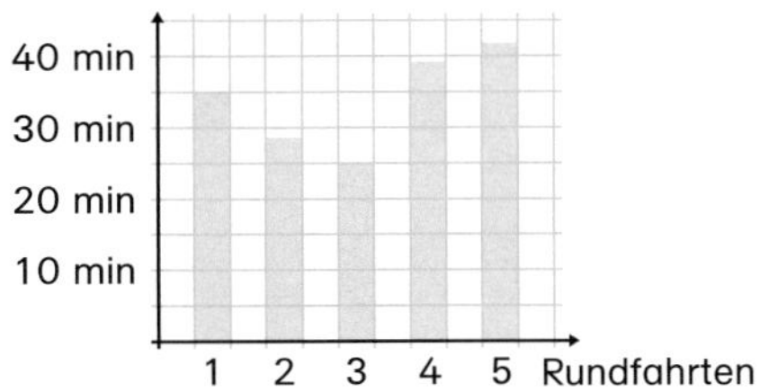

4. a) 1. Tag: 45 m **1 P.**
2. Tag: 54 m **1 P.**
3. Tag: – **1 P.**
4. Tag: 26 m **1 P.**
5. Tag: 52 m **1 P.**
6. Tag: 49 m **1 P.**
b) Es wurde 5 Tage lang gearbeitet. **1 P.**
c) Der 3. Tag, an dem nicht gearbeitet wurde, war möglicherweise ein Sonn- oder Feiertag. **1 P.**
d) Rechnung: 45 m + 54 m + 26 m + 52 m + 49 m = 226 m **1 P.**
Antwort: Die Straße ist 226 m lang. **1 P.**

5. Frau Schürmann hat 50 €. Im Supermarkt kauft sie für 16,24 € ein. **1 P.**
Wie viel Geld (Euro) besitzt sie noch nach dem Einkauf? **1 P.**

Noten-Übersicht für die Klassenarbeit „Rechenbäume und Diagramme“:

Punkte	Note
25–24	1
23	1,5
22–21	2
20–19	2,5
18–17	3
16–15	3,5
14–13	4
12–9	4,5
8–5	5
4–3	5,5
2–0	6

Seiten 45–46

1. Rechnung: 28 · 12 = 336 **1 P.**
Antwort: Es sind 336 leere Wasserflaschen. **1 P.**

2. Rechnung: 129 : 6 = 21 Rest 3 **2 P.**
(**1 P.** für die Lösung; **1 P.** für den richtigen Rest)
Antwort: 21 Kisten lassen sich ganz füllen. **1 P.**

3. a) Rechnung: 44 · 6 = 264 **1 P.**
Antwort: Es gibt insgesamt 264 Sitzplätze. **1 P.**
b) Rechnung: 264 : 8 = 33 **1 P.**
Antwort: Bei 8 Sitzblöcken gäbe es 33 Sitze pro Block. **1 P.**
c) Rechnung: 264 : 11 = 24 **1 P.**
Antwort: Bei 11 Sitzblöcken gäbe es in jedem Block 24 Sitzplätze. **1 P.**

d) Rechnung: 264 : 22 = 12 **1 P.**
Antwort: Wenn in jedem Block 22 Sitzplätze sind, müssen 12 Sitzblöcke errichtet werden, damit alle 264 Besucher Platz finden. **1 P.**

4. a) Rechnung: 28 · 7 = 196 **1 P.**
Antwort: In allen 7 Körben müssten insgesamt 196 Äpfel liegen. **1 P.**
b) Ina macht evtl. nicht jeden Korb genau gleich voll oder die Äpfel sind verschieden groß, sodass mal einer mehr, mal einer weniger reinpasst. **2 P.**
c) Rechnung: 174 : 6 = 29 **1 P.**
Antwort: Wenn sie gleich verteilt sind, liegen jetzt in jedem Korb 29 Äpfel. **1 P.**

5. a) Rechnung: 2642 : 4 = 660 Rest 2 **2 P.**
(**1 P.** Lösung; **1 P.** Rest)
Antwort: 660 Kartons könnten ganz gefüllt werden. **1 P.**
b) Rechnung: 660 · 2 = 1320; **1 P.** 4 Dosen bleiben übrig, mit denen noch ein weiterer Karton gefüllt werden kann. **1 P.**
Antwort: In 2 Stunden werden 1321 Kartons komplett gefüllt. **1 P.**
c) Rechnung: 1321 : 50 = 26 R 21 **2 P.**
(**1 P.** Lösung; **1 P.** Rest)
Antwort: Nach 2 Stunden sind 26 Paletten voll und eine weitere ist angefangen. Man benötigt also 27 Paletten. **1 P.**

Noten-Übersicht für die Klassenarbeit „Einfache Textaufgaben – Multiplikation und Division“:

Punkte	Note
28–27	1
26	1,5
25–24	2
23–21	2,5
20–18	3
17–16	3,5
15–14	4
13–10	4,5
9–6	5
5–3	5,5
2–0	6

Seiten 47–48

1. a) Rechnung: 5 · 96 ct = 480 ct; **1 P.**
480 ct = 4,80 € (**1 P.**) für 10 Dosen „Krafthund“
4,80 € ist weniger als 4,95 € **1 P.**
Antwort: Die Marke „Krafthund“ ist günstiger. **1 P.**
b) Rechnung: 4,95 € – 4,80 € = 0,15 € **1 P.**;
0,15 € = 15 ct **1 P.**
Antwort: Man spart bei einem Kauf von 10 Dosen „Krafthund“ 15 ct. **1 P.**

2. Rechnung: 300 m : 20 = 15 m **1 P.**
Antwort: Nein, denn er wäre immer noch 15 m hoch (und ein Zimmer hat eine durchschnittliche Höhe von 2,50 m). **1 P.**

3. a) Rechnung: 128 cm : 8 cm = 16 **1 P.**
Antwort: Er müsste 16 Steine übereinanderlegen. **1 P.**
b) Rechnung: 23 · 8 cm = 184 cm **1 P.**;
1,89 m = 189 cm (Größe des Vaters) **1 P.**
Antwort: Nein, mit 23 Steinen erreicht er nur eine Höhe von 184 cm. **1 P.**

4. Frage: Wie viel wiegt der Sand? **1 P.**
7 t 200 kg = 7 200 kg; **1 P.**
16 744 kg – 7 200 kg = 9 544 kg **1 P.**
Antwort: Der Sand wiegt 9 544 kg. **1 P.**

5. a) Frage: Wie viel Liter Wasser fließen in 7 Minuten? **1 P.**
Rechnung: 31 l · 7 = 217 l **1 P.**
Antwort: In 7 Minuten fließen 217 l Wasser durch die Leitung. **1 P.**
b) Rechnung: 310 000 ml = 310 l **1 P.**
31 l in 1 Minute
310 l in 10 Minuten **1 P.**
Antwort: Der Hahn war 10 Minuten lang geöffnet. **1 P.**
c) Rechnung: 217 l · 2 = 434 l **1 P.**
Antwort: An jedem heißen Sommertag verbraucht er 434 l Wasser. **1 P.**

6. Tabelle:

Std.	1	2	3	6	9
Sek.	3 600	7 200	10 800	21 600	32 400
	1 P.	**1 P.**	**1 P.**	**1 P.**	**1 P.**

Antwort: Pascal hat in genau 9 Stunden Geburtstag. **1 P.**

Noten-Übersicht für die Klassenarbeit „Einfache Textaufgaben, Größen“:

Punkte	Note
32–31	1
30	1,5
29–27	2
26–24	2,5
23–21	3
20–19	3,5
18–16	4
15–11	4,5
10–6	5
5–3	5,5
2–0	6

Seiten 49–50

1. für a) **5 P.** (für jede richtige Aufgabe **1 P.**)

a) 16 400 m : 2 = 8 200 m
8 200 m : 2 = 4 100 m
4 100 m : 2 = 2 050 m
2 050 m : 2 = 1 025 m
1 025 m : 2 = 512 m Rest 1 (oder R 1)

b) Rechnung: 16 400 m + 8 200 m + 4 100 m + 2 050 m + 1 025 m = 31 775 m **1 P.**
Antworten: a) Die Strecke ist 4-mal ohne Rest durch 2 teilbar (**1 P.**). b) Sarah ist dann 31 775 m (= 31,775 km) weit gefahren. **1 P.**

2.

38 → (+ 4) → 42 → (: 2) → 21 → (− 6) → 15 → (+ 2) → 17
38 ← (− 4) ← 42 ← (· 2) ← 21 ← (+ 6) ← 15 ← (− 2) ← 17

1 P. **1 P.** **1 P.** **1 P.**

Antwort: Um 3 Uhr waren 38 Kinder auf dem Spielplatz. **1 P.**

3.

2 552 → (: 8) → 319 → (− 208) → 111 → (· 9) → 999
2 552 ← (· 8) ← 319 ← (+ 208) ← 111 ← (: 9) ← 999

1 P. **1 P.** **1 P.**

4. Rechnung: 4, 45 € = 445 ct **1 P.**
445 ct : 5 = 89 ct **1 P.**
18 · 89 ct = 1602 ct **1 P.**
1602 ct = 16,02 € **1 P.**
Antwort: Damals wie heute kostet ein Schokoriegel 89 ct bzw. 0,89 €. **1 P.**

5.

Iris	**Vater**
Wenn Iris 10 wäre, wäre …	… Vater 40. Dann kann er später nicht 35 sein.
Wenn Iris 9 wäre, wäre …	… Vater 36. Dann kann er später nicht 35 sein.
Wenn Iris 8 wäre, wäre …	… Vater 32.
Doppeltes Alter wäre 16.	Vater wäre dann 40 (32 J. + 8 J. = 40 J.) und nicht 35.
Wenn Iris **7** wäre, wäre …	… Vater **28**.
Doppeltes Alter wäre **14**. (**1 P.**)	Vater wäre dann **35**. (28 J. + 7 J. = 35 J.) So war es gefordert. (**1 P.**)

Antworten: Iris ist jetzt 7 Jahre alt. **1 P.**
Ihr Vater ist jetzt 28 Jahre alt. **1 P.**

Noten-Übersicht für die Klassenarbeit „Komplexe Textaufgaben“:

Punkte	Note
25–24	1
23	1,5
22–21	2
20–19	2,5
18–17	3
16–15	3,5
14–13	4
12–9	4,5
8–5	5
4–3	5,5
2–0	6

Seiten 51–52

1. Frage: Wie teuer ist der Fernseher? **1 P.**
Rechnung: 52 € · 8 = 416 € **1 P.**
Antwort: Der Fernseher kostet 416 €. **1 P.**

2. Die erste Antwort ist richtig. **1 P.**
Begründung: Selbst wenn die Monate nicht alle gleich lang sind, ist auf jeden Fall jetzt November, wenn der 12. Januar in genau 2 Monaten ist. **1 P.**

3. (**5 P.**; für jeden Balken **1 P.**)

a)

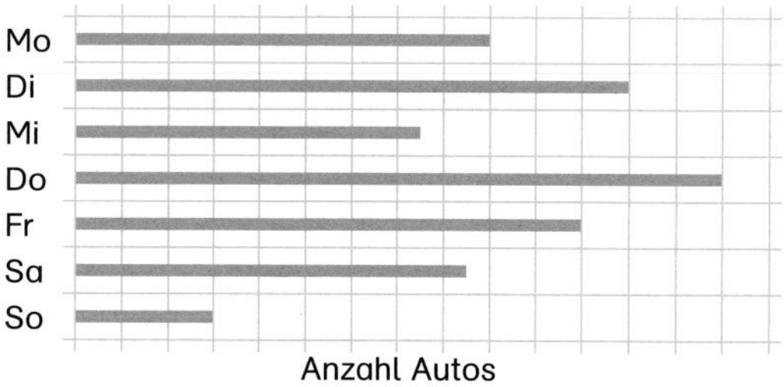

b) Ein Kästchen steht für 2 Autos. Da Mittwoch und Samstag eine ungerade Anzahl Autos vorbeigefahren ist, muss die Millimetereinteilung genau sein, damit man genau ein halbes Kästchen für 1 Auto ausmessen kann. **1 P.**

4.

a) Rechnung: 18 · 2 = 36 **1 P.**
137 − 36 = 101 **1 P.**
Antwort: Sie verteilt 101 Kastanien an ihre Freunde. **1 P.**

b) Rechnung: 101 : 3 = 33 Rest 2 **2 P.** (**1 P.** Lösung; **1 P.** Rest)
Antwort: Jedes Kind bekommt 33 Kastanien, 2 bleiben übrig. **1 P.**

c) Ja, denn sie hat noch genau 2 Kastanien übrig. **1 P.**

5.

a) Rechnung: 3 l = 3 000 ml **1 P.**
3 000 ml − 1 740 ml = 1 260 ml **1 P.**
Antwort: Sie hat 1 260 ml Wasser verloren. **1 P.**

b) Rechnung: 1 260 ml : 3 = 420 ml **1 P.**
3 000 ml − 420 ml = 2 580 ml **1 P.**
Antwort: Sie brachte 2 580 ml Wasser ins Ziel. **1 P.**

6. Rechnungen: Zahlen zwischen 50 und 80, die durch 7 teilbar sind: 56, 63, 70 und 77. Nur 70 hat die Quersumme 7. **1 P.**
19 m = 1 900 cm **1 P.**; 1 900 cm − 70 cm = 1 830 cm **1 P.**; 1 830 cm : 3 = 610 cm **1 P.**
Antwort: Die 3 Stücke sind je 610 cm lang, das übrig gebliebene ist 70 cm lang. **1 P.**

Noten-Übersicht für die Klassenarbeit „Textaufgaben, vermischte Aufgaben“:

Punkte	Note
29–28	1
27	1,5
26–25	2
24–22	2,5
21–19	3
18–17	3,5
16–15	4
14–10	4,5
9–6	5
5–3	5,5
2–0	6

Seiten 53–54

1. so **1 P.** oder so **1 P.**

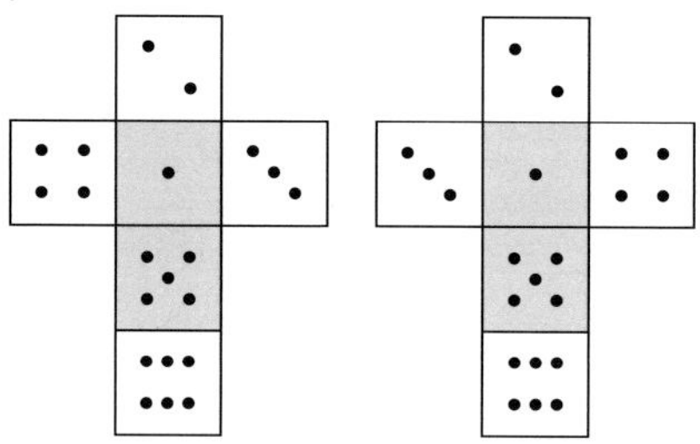

2.

a)

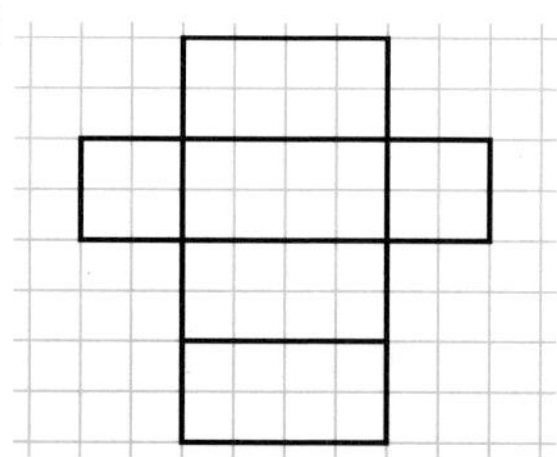

1 P. für das Aufzeichnen in Kreuzform,
1 P. für das richtige Maß.

b) Für einen Würfel mit 2 cm Kantenlänge braucht man 8 Würfel, bei 3 cm Kantenlänge 27 Würfel.
Je **1 P.** für die richtige Anzahl.

3. Ein Quader hat genauso viele Ecken wie ein Würfel – ist wahr. **1 P.**
Die Grundfläche eines Kegels ist quadratisch – ist falsch. **1 P.**
Einen Zylinder kann man aus zwei rechteckigen und einer kreisförmigen Fläche zusammensetzen – ist falsch. **1 P.**
Beim Schnitt durch eine Kugel ist die Schnittfläche kreisförmig – ist wahr. **1 P.**

4. (**1 P.** für jeden Pfeil)

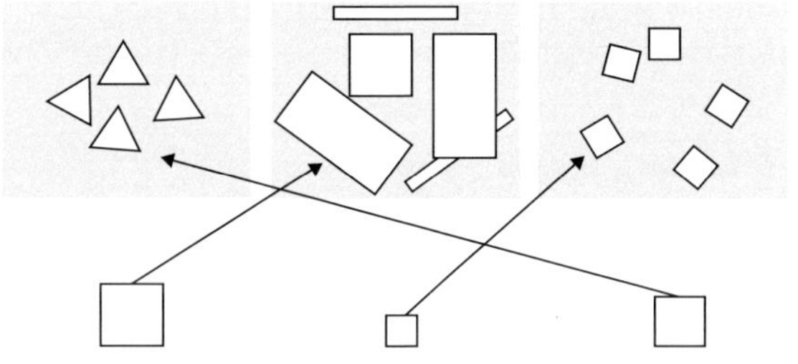

5. (**1 P.** für jede richtige Verbindung und **1 P.** für das Streichen)

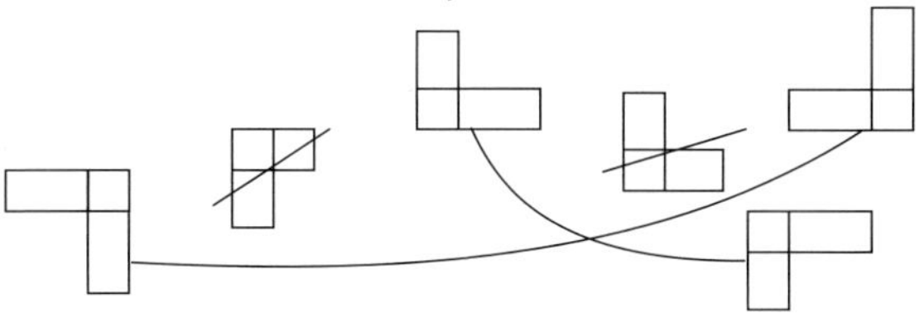

6.

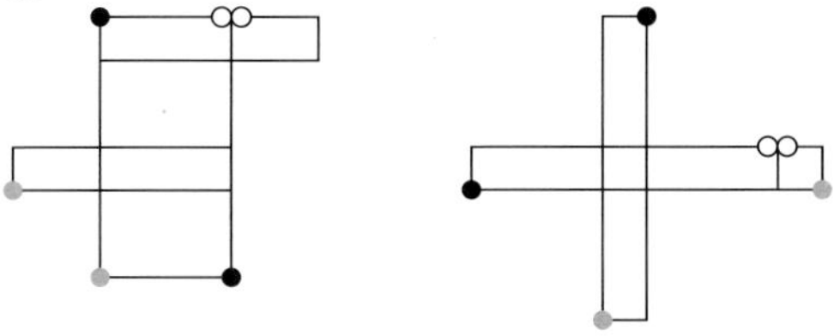

1 P. für jede Markierung. Wenn zwei Markierungen aufeinandertreffen und als eine Markierung dargestellt sind, gilt das auch als **2 P.**

7. a) Nein, das geht nicht. **1 P.**
b) Ja, das geht. **1 P.**

Noten-Übersicht für die Klassenarbeit „Würfel, Quader und andere Körper“:

Punkte	Note
26–25	1
24	1,5
23–22	2
21–20	2,5
19–17	3
16–15	3,5
14–13	4
12–9	4,5
8–5	5
4–3	5,5
2–0	6

Seiten 55–56

1.

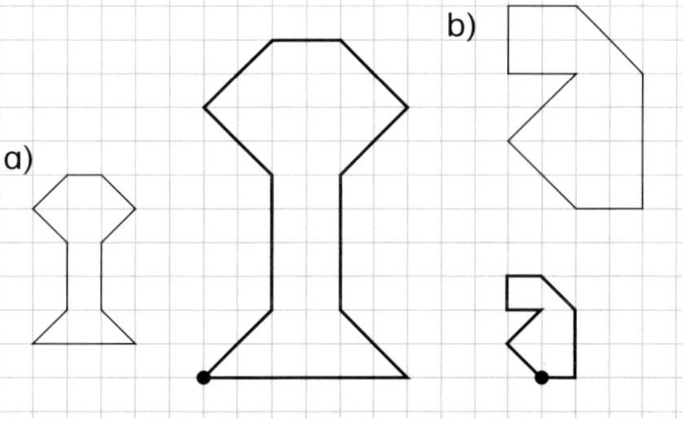

1 P. **1 P.**

2. Kästchenfeld c) ist ausreichend. Das ergibt sich, wenn man jede Strecke durch 4 teilt. **1 P.**
Das Monogramm sieht verkleinert so aus: **1 P.**

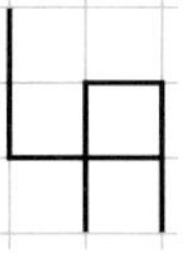

3. 5,60 m = 560 cm; 5,20 m = 520 cm **1 P.**
560 cm : 40 = 14 cm **1 P.**;
520 cm : 40 = 13 cm **1 P.**
Antwort: Ja, weil die berechneten Maße kleiner sind als die des DIN-A4-Blattes.

4. Pro Berechnung **1 P.**

Abbildung	42 cm	60 mm	18 cm
Maßstab	1:10	1:3	3:1
Wirklichkeit	420 cm	180 mm	6 cm

Abbildung	22 cm	0,05 m	98 mm
Maßstab	1:6	1:90	14:1
Wirklichkeit	132 cm	4,50 m	7 mm

5. Pinguine können laut Angabe zwischen 0,5 m und 1,5 m groß werden:
Der erste Pinguin wäre in Wirklichkeit 4 cm · 30 = 120 cm groß. **1 P.**
120 cm = 1,20 m. Das kann sein. **1 P.**
Der zweite Pinguin wäre in Wirklichkeit 25 mm · 50 = 1250 mm groß. **1 P.**
1250 cm = 1,25 m. Das kann sein. **1 P.**
Der dritte Pinguin wäre in Wirklichkeit 3 cm : 3 = 1 cm groß. **1 P.**
1 cm große Pinguine gibt es laut Angabe nicht. **1 P.**

6. Der erste Baum ist 4 cm · 450 = 1 800 cm groß. **1 P.** 1 800 cm = 18 m **1 P.**
Der zweite Baum ist 3 cm · 700 = 2 100 cm groß. **1 P.** 2 100 cm = 21 m **1 P.**
Der dritte Baum ist 1 cm · 800 = 800 cm groß. **1 P.** 800 cm = 8 m **1 P.**
Demnach ist der zweite Baum in Wirklichkeit am höchsten.

Noten-Übersicht für die Klassenarbeit „Vergrößern und verkleinern"

Punkte	Note
25–24	1
23	1,5
22–21	2
20–19	2,5
18–17	3
16–15	3,5
14–13	4
12–9	4,5
8–5	5
4–3	5,5
2–0	6

Seiten 57–58

1. Du kannst das Auslegequadrat ausschneiden und in die Figuren legen. Dann erhältst du die richtigen Lösungen. Das ist aber umständlich und in einer Klassenarbeit sicher nicht Sinn der Sache. Du findest die Lösung also mit dem Lineal. Figur 1 besteht aus 3 gleich großen Rechtecken. Jedes Rechteck ist 4 cm · 1 cm groß. Also passen in diese Figur 12 Auslegequadrate. **1 P.**
Figur 2 ist 4 cm · 3 cm groß. Also passen in diese Figur ebenfalls 12 Auslegequadrate. **1 P.**
Figur 3 kann man in 4 gleich große Rechtecke zu 1 cm · 2 cm Größe aufteilen. In der Mitte bleibt ein Quadrat von 2 cm · 2 cm Grundfläche. Insgesamt kann die Fläche dann auch mit 12 Auslegequadraten ausgelegt werden. **1 P.**

2. Mithilfe der Auslegefiguren kannst du Figur 1 in 4 Quadrate und 4 Dreiecke unterteilen. **1 P.**
4 Dreiecke ergeben 2 Quadrate. Also ist die Figur mit 6 Quadraten auslegbar. **1 P.**
Figur 2 ist um die Spitze von Figur 1 ergänzt worden, das sind 4 Dreiecke. **1 P.**
4 Dreiecke sind 2 Quadrate. Die 6 Quadrate von Figur 1 und die 2 zusätzlichen von Figur 2 ergeben zusammen 8 Quadrate. **1 P.**

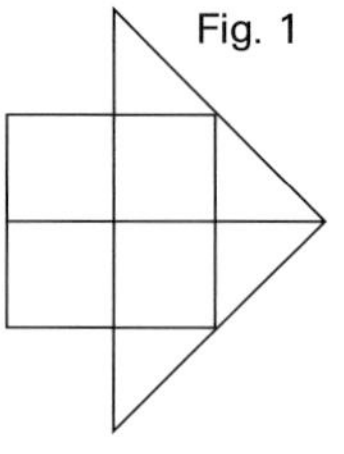
Fig. 1

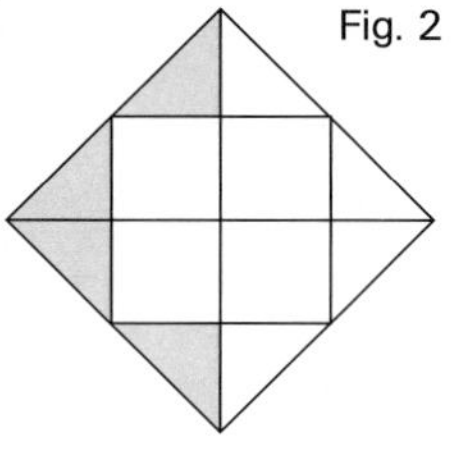
Fig. 2

3. Nach der Flächengröße sortiert: Figur D enthält 8 Quadrate **1 P.**; Figur B enthält 10 Quadrate **1 P.**; Figur A enthält 11 Quadrate **1 P.** und Figur C enthält 12 Quadrate. **1 P.** (also D, B, A, C)
Auch bei dieser Aufgabe wäre eine Skizze mit dem Bleistift sinnvoll. Schau dir das Beispiel der Figur C an:

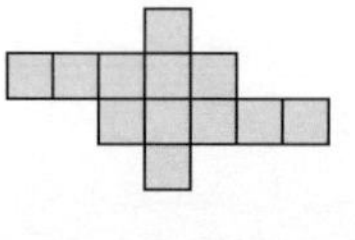

lach dem Umfang sortiert: Figur D hat außen cm Umfang **1 P.**; Figur B hat 7 cm Umfang **P.**; Figur C hat 11 cm Umfang **1 P.** und Fiur A hat 12 cm Umfang **1 P.** (also D, B, C, A)

. Die Lösung könnte so aussehen:

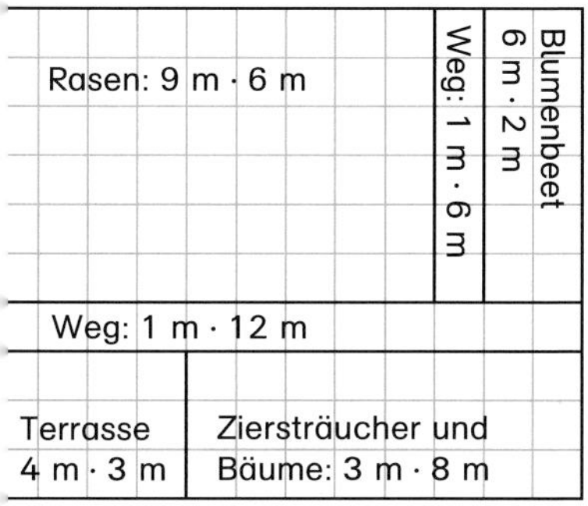

löglich wären auch spiegelbildliche Anordungen.
P. für jede angeordnete Fläche (**6 P.**)

.	**Wohnzimmer**	**Kinderzimmer**	**Badezimmer**	**Schlafzimmer**
laß (Plan)	5 cm · 6 cm	3 cm · 4 cm	2 cm · 2 cm	4 cm · 4 cm
laß (Wirkichkeit)	5 m · 6 m = 30 m^2	3 m · 4 m = 12 m^2	2 m · 2 m = 4 m^2	4 m · 4 m = 16 m^2
	1 P.	**1 P.**	**1 P.**	**1 P.**

röße der Wohnung: 30 m^2 + 12 m^2 + 4 m^2 + 6 m^2 + 1,5 m^2 + 7 m^2 = 70,5 m^2 **1 P.**

loten-Übersicht für die Klassenarbeit Flächen und Flächenvergleiche":

Punkte	Note
26–25	1
24	1,5
23–22	2
21–20	2,5
19–17	3
16–15	3,5
14–13	4
12–9	4,5
8–5	5
4–3	5,5
2–0	6

Seiten 59–60

1. Anzahl der rechten Winkel

in Figur 1: 16 rechte Winkel	**1 P.**
in Figur 2: 21 rechte Winkel	**1 P.**
in Figur 3: 0 rechte Winkel	**1 P.**
in Figur 4: 6 rechte Winkel	**1 P.**
in Figur 7: 4 rechte Winkel	**1 P.**

2. Jede Teilaufgabe **1 P.**

a)
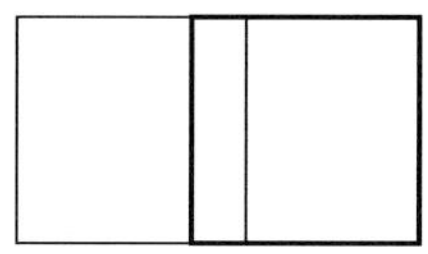

b)
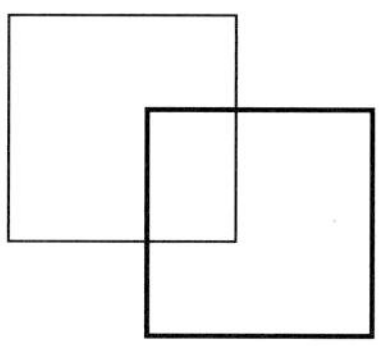

c)
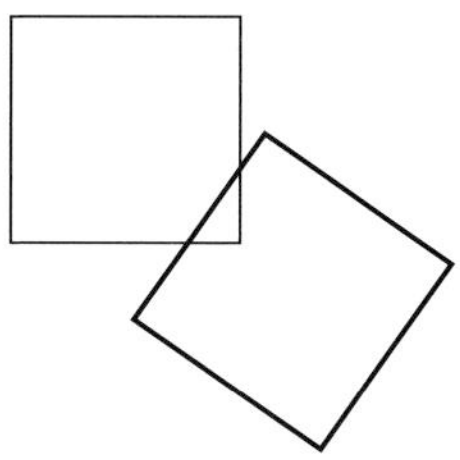

3.
a) **3 P.** (für jede Vervollständigung **1 P.**)

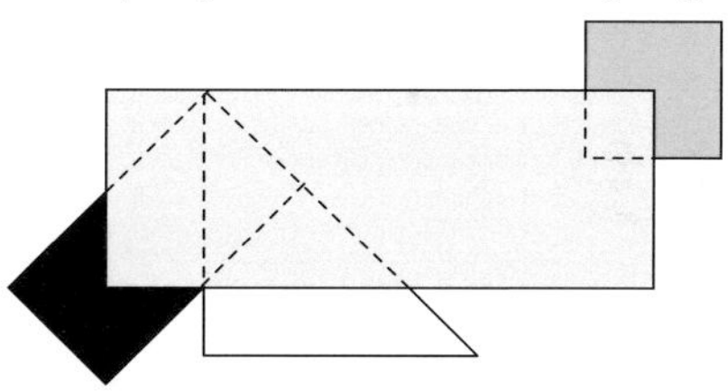

b) **3 P.** (für jede Vervollständigung **1 P.**)

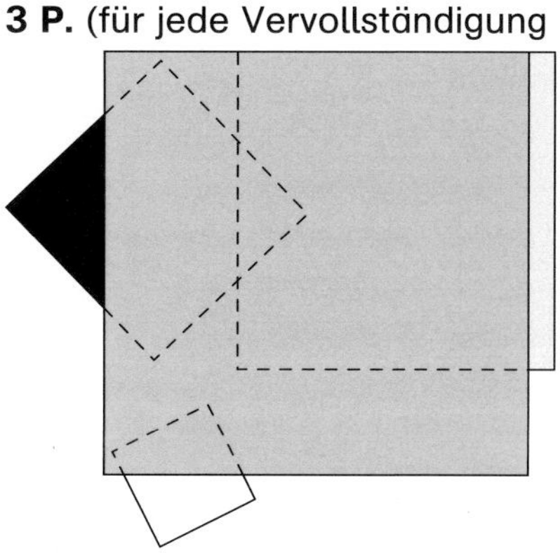

4.

1 P. 1 P.

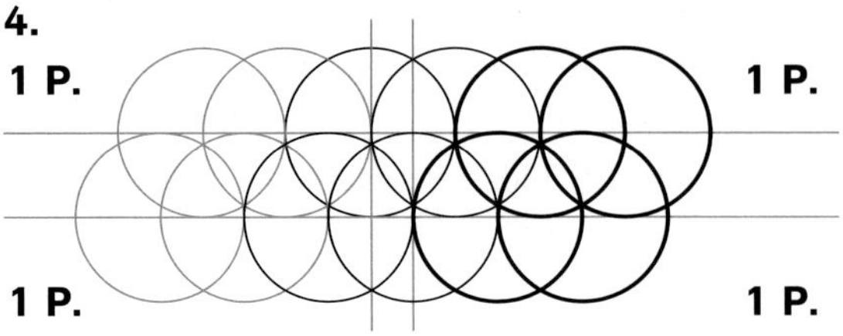

1 P. 1 P.

5. Mittelpunkt: (**1 P.**) innerer Kreis mit Radius 1 cm (**2 P.**) äußerer Kreis mit dem Radius Mittelpunkt–Ecke des Quadrates (**1 P.**)

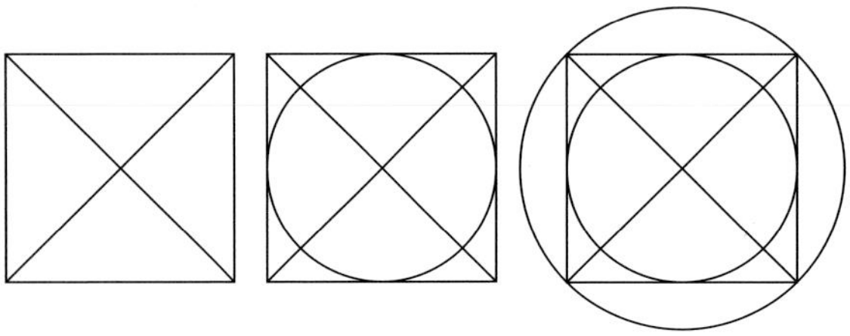

6. 1 P. für die 4 Kreise, die sich nicht überschneiden.
1 P. für das Finden des Radius von 1,5 cm.
1 P. für das richtige Teilen über die Diagonale. Die andere Diagonale wäre auch möglich.

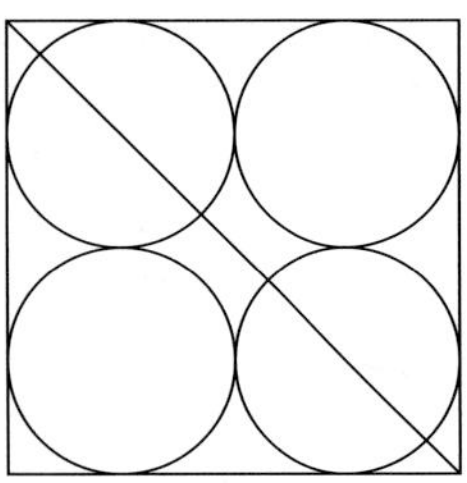

Noten-Übersicht für die Klassenarbeit „Arbeiten mit Geodreieck und Zirkel“:

Punkte	Note
25–24	1
23	1,5
22–21	2
20–19	2,5
18–17	3
16–15	3,5
14–13	4
12–9	4,5
8–5	5
4–3	5,5
2–0	6

Seiten 61–62

1.

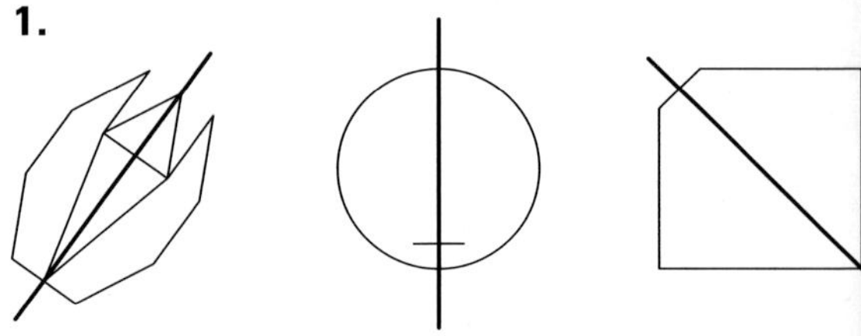

1 P. **1 P.** **1 P.**

2. (**3 P.**; jede Spiegelung **1 P.**)

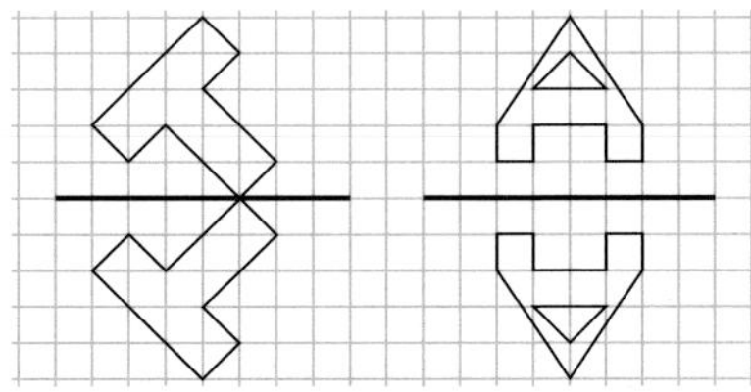

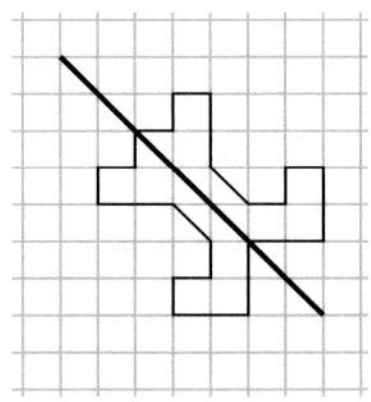

3. Regel:
Erste Verschiebung
1 Kästchen nach oben **1 P.**
4 Kästchen nach rechts **1 P.**

Zweite Verschiebung
2 Kästchen nach unten **1 P.**
5 Kästchen nach rechts **1 P.**

Dritte Verschiebung
1 Kästchen nach oben **1 P.**
4 Kästchen nach rechts **1 P.**

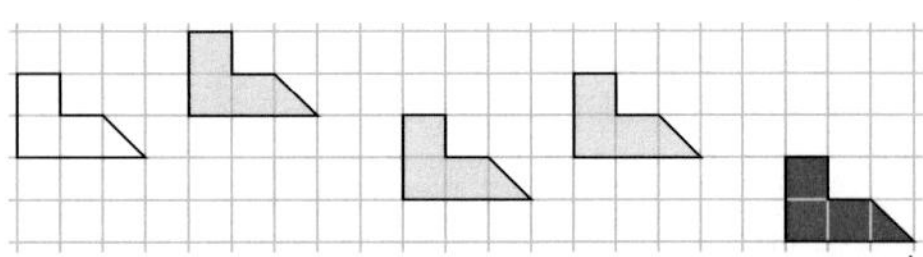

→ **1 P.**

1 P. ↓

4.

1. Die Figur wurde zuerst gedreht. **1 P.**
2. Dann wurde die Figur gespiegelt. **1 P.**
3. Dann wurde die Figur um 4 Kästchen nach unten (**1 P.**) und 2 nach links (**1 P.**) verschoben.

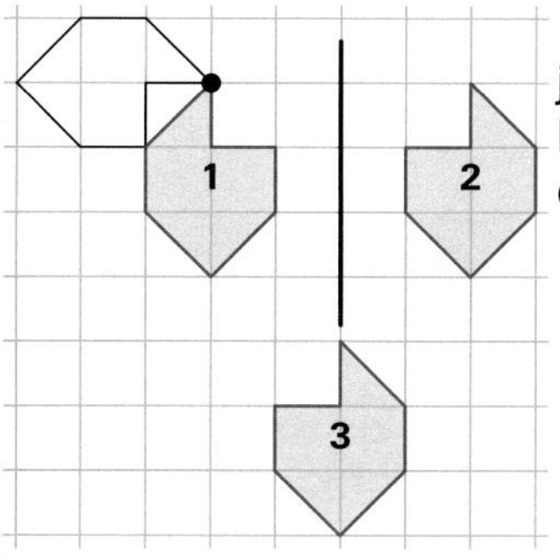

je **1 P.** für den Drehpunkt und die Spiegelachse.

5.

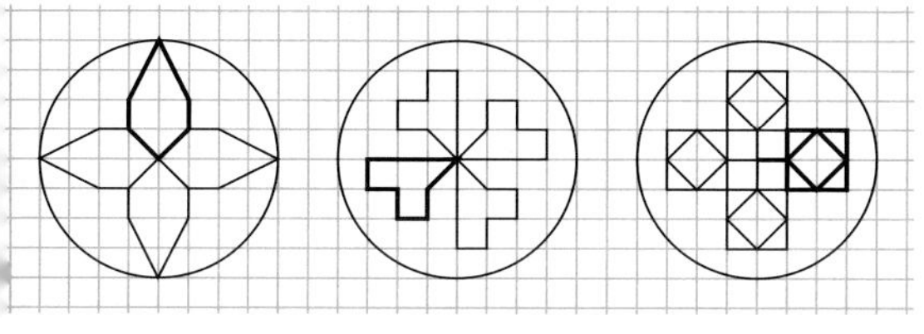

3 P. **3 P.** **3 P.**

6. Jede Drehung ergibt **1 P.**

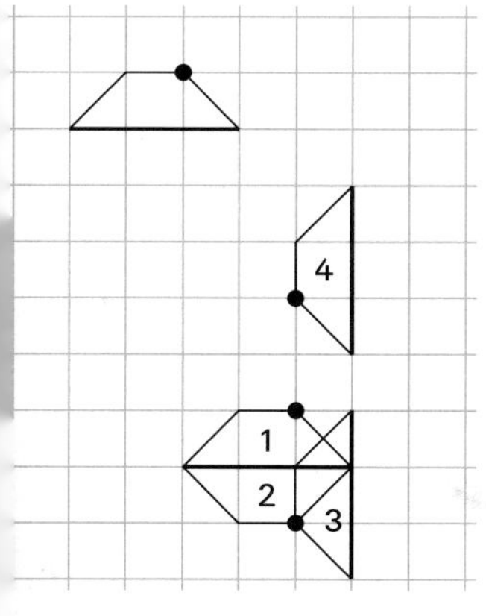

Noten-Übersicht für die Klassenarbeit „Spiegeln, drehen, verschieben“:

Punkte	Note
33–32	1
31	1,5
30–28	2
27–25	2,5
24–22	3
21–19	3,5
18–17	4
16–12	4,5
11–7	5
6–3	5,5
2–0	6

Seiten 63–64

1.

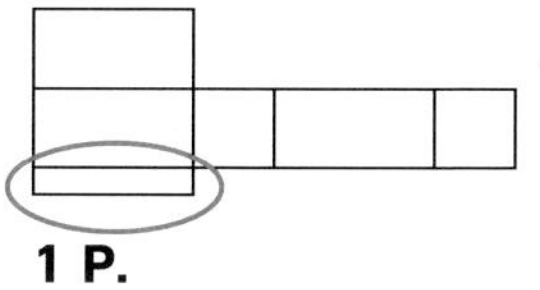

1 P.

Begründungen: Gegenüberliegende Flächen müssen gleich groß sein. **1 P.**

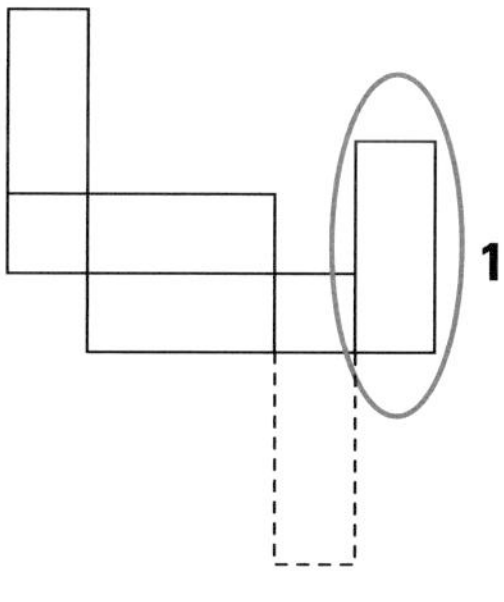

1 P.

Das eingekreiste Element kann nicht den Quader schließen. Es müsste an der gestrichelten Markierung liegen. **1 P.**

2. Verkleinerung c) ist richtig. **1 P.**
Bei Verkleinerung a) sind die Abstände zwischen den Buchstaben nicht 1:3 verkleinert worden. **1 P.**
Bei Verkleinerung b) ist beim Buchstaben A ein Fehler unterlaufen. **1 P.**
Verkleinerung d) ist nicht im Maßstab 1:3 verkleinert worden. Die Elemente sind nicht dreimal so klein wie beim Original. Das kann man nachmessen. **1 P.**

3.

1 P.

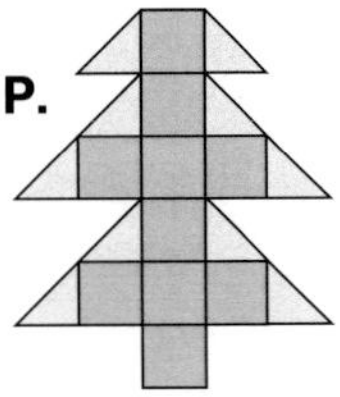

Figur a) besteht aus 10 Quadraten und 10 Dreiecken, die zu 5 Quadraten zusammengesetzt werden können.
Insgesamt sind es dann 15 Quadrate. **1 P.**

1 P.

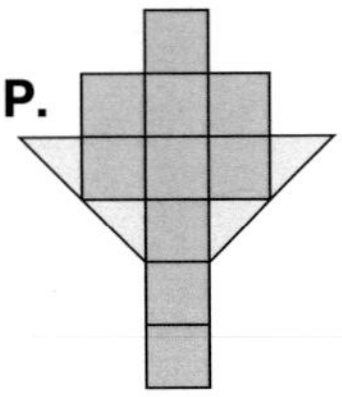

Figur b) besteht insgesamt aus 10 Quadraten und 4 Dreiecken, die zu 2 Quadraten zusammengesetzt werden können. Insgesamt sind es dann 12 Quadrate.
Also ist Figur a) größer. **1 P.**

4.

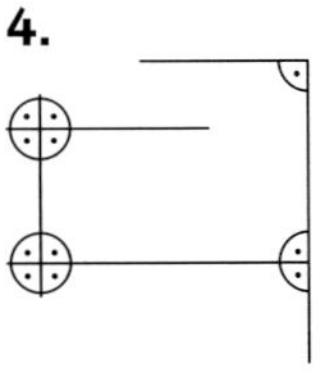

Figur 1 hat 11 rechte Winkel. **1 P.**

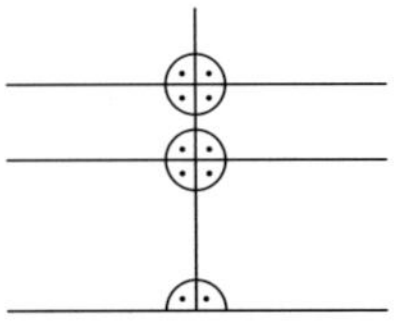

Figur 2 hat 10 rechte Winkel. **1 P.**

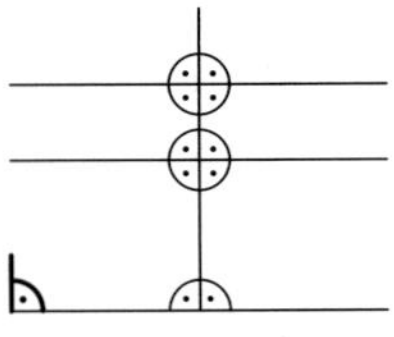

Figur 2 muss um einen rechten Winkel ergänzt werden. Am Ende jeder Linie könnte eine zusätzliche Linie im rechten Winkel angebracht werden. Links unten ist ein mögliches Beispiel. **1 P.**

5.

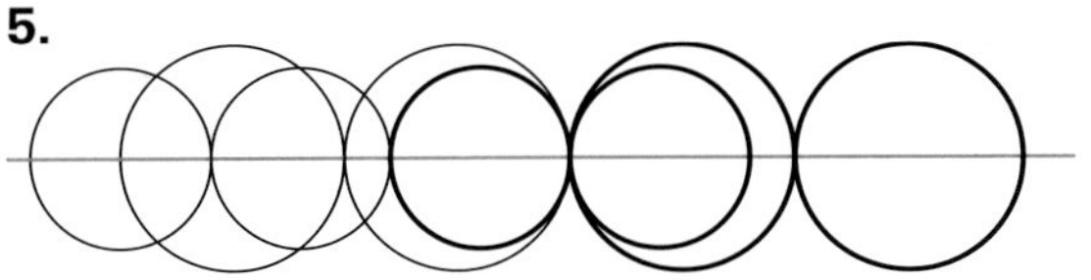

1 P. **1 P.** **1 P.** **1 P.**

6. Der kleine Kreis im Dreieck hat einen Radius von 1,5 cm. Wäre der Radius 1 cm größer, wäre er also 2,5 cm groß. Der Kreis hätte dann einen Durchmesser von 5 cm. **1 P.** Das wäre so groß wie die rechte Seite des Dreiecks. Ein solch großer Kreis kann nicht in das Dreieck passen. **1 P.**

7. (**4 P.**; **1 P.** für jede Bewegung)

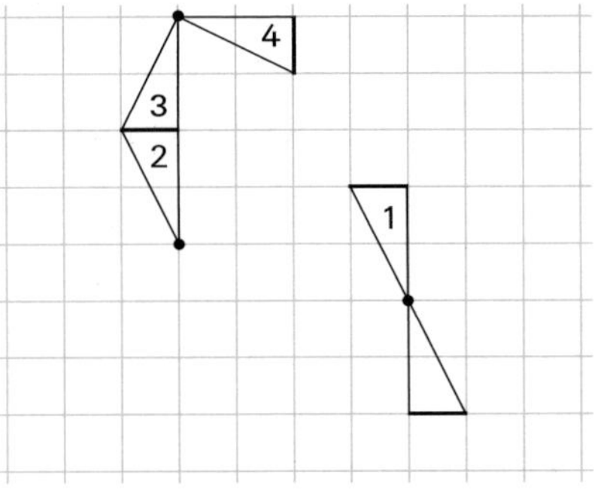

Noten-Übersicht für die Klassenarbeit „Geometrie, vermischte Aufgaben“:

Punkte	Note
25–24	1
23	1,5
22–21	2
20–19	2,5
18–17	3
16–15	3,5
14–13	4
12–9	4,5
8–5	5
4–3	5,5
2–0	6